현재 진과 힐러리는 모든 아이들, 심지어 둔하고 게으르고 버릇없고
까다로운데다가 자주 수업을 빼먹고 수업 내용을 이해하지 못하고 수년 동안
선생님의 말을 뒤죽박죽으로 받아들였던 아이들을 훌륭하게 변화시켜 아이들
스스로뿐만 아니라 주위 사람들까지도 놀라게 하고 있다. 아이들뿐만 아니라
학부모 교육과 함께 학습장애가 있는 성인들, 그리고 업무상의 스트레스나
행동상의 어려움을 겪는 이들과도 작업하고 있다.

'할수 없니?'
'할수 있어!!'

기초지식을 세워주는 아주 특별한 방법

김진   1967년생. 전남대학교 영문학과를 졸업하고 10여 년간 기획, 편집을 하며 다양한 책을 만들어왔다. 지금은 프리랜서로 일하며 집필과 번역에 임하고 있다.

"할 수 없니?" "할 수 있어!"

초판 1쇄 발행일   2002년 4월 10일
초판 2쇄 발행일   2002년 12월 18일

지 은 이   진 롭 · 힐러리 레츠
옮 긴 이   김 진
펴 낸 이   권성자
펴 낸 곳   아이북

주   소   136-031 서울 성북구 동소문 1가 44번지 삼우빌딩 303호
전화번호   (02) 3672-7814
팩시밀리   (02) 745-5994
e-mail   ibookpub@hanmail.net
출판등록   등록번호 10-1953호 등록일자 2000년 4월 18일

ⓒ 진 롭 · 힐러리 레츠, 2002 Printed in Seoul, Korea

ISBN 89-89968-00-3-13590

값 8,500원

CREATING KIDS WHO CAN
ⓒ Jean Robb and Hilary Letts 1995
First published in Autralia in 1995 by Hodder Headline Australia Pty Limited
Korean translation ⓒ 2002 ibook Publishing Company, Korea
This translation is published by arrangement
with Hodder Headline Australiathrough Best Literary & Rights Agency, korea.
All Rights Reserved

'할 수 없니?' '할 수 있어!!'

기초지식을 세워주는 아주 특별한 방법

진 롭 · 힐러리 레츠 | 김진 옮김

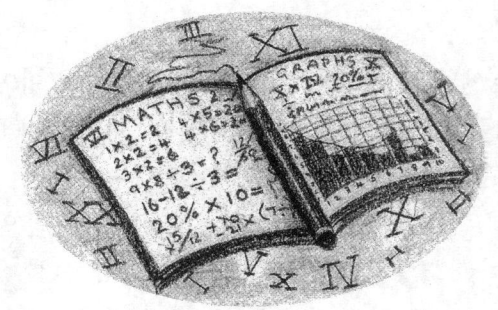

아이북

새롭게, 계속해서 무엇인가를 배워나가야 할 우리 아이들을 위하여

아이가 뭔가 새로운 것을 해낼 때마다 부모들은 새로운 기쁨을 얻을 것이다. 하지만 동시에 새로운 근심거리도 생겨나게 마련이다.

아이가 책상에 앉아 공부를 하고 있으면 부모들은 아이가 무엇이든 할 수 있을 것 같은 생각이 들 것이다. 반대로 아이가 아무것도 배우고 있지 않은 것 같으면 분명 안절부절못할 것이다.

마음먹은 대로, 생각하는 대로 일이 술술 풀려나가면 안심이 되겠지만 결코 인생이란 그렇게 한쪽으로만 흘러가지 않는다.

언제나 뭔가 새로운 것을 배워야 하는 게 인생이니까.

어떤 부모든 자기 아이들을 도와주고 싶지 않은 사람은 없겠지만 어떻게 도와주면 좋을지 모르는 경우가 태반이다.

우리가 경험한 바에 따르면, 대부분의 성공한 사람들은 자기 스스로가 필요로 하는 바와 다른 사람들이 필요로 하는 것에 주의를 기울이는 방법을 배운 이들이다.

이제 여러분들도 우리 아이들에게 생각하는 힘을 길러주고, 또 예상치 않은 상황에 대처하는 방법뿐만 아니라 매일매일의 생활을 즐길 줄 아는 방법을 가르쳐줌으로써 '무엇이든 할 수 있는 아이', '자신감 있는 아이'로 키우게 될 것이다.

이 책은 우리 아이들을

◆ 건강한 시민으로서
◆ 배움을 즐기는 학생으로서
◆ 사랑을 나누는 가족의 한 사람으로서
◆ 우정을 나누는 친구로서
◆ 개성을 지닌 독창적인 인격체로서

성장시킬 수 있는 실제적인 도움을 주고자 한다.

이 책에 나오는 대부분의 아이디어가 매우 상식적이며, 실천하기 쉽고, 굉장히 재미있는 것임을 깨닫는 순간 여러분은 무척 유쾌해질 것이다. 아울러 이 책은 여러분들에게

◆ 아이들에게 자부심을 길러주고
◆ 학교에서 최선을 다하게 하고
◆ 지겹기만 했던 숙제를 신나는 모험으로 만들어주고
◆ 아이가 자신의 생각을 잘 전달할 수 있고
◆ 균형 잡힌 아이가 되도록 격려해주고
◆ 아이들의 행동을 진심으로 이해하고
◆ 학습의 기본적인 뼈대(글쓰기, 수학, 책읽기 등)를 세워주고
◆ 아이들을 영리하게 변화시키는 방법을 알려줄 것이다!

지금부터 시작될 우리의 이야기를 모두 듣고 나면, 지겨움은 옛날 일이 되어버릴 것이다. 아이는 창의적이고 흥미를 느끼고 집중력이 향상되고 목적의식이 생기며 자신의 잠재능력을 계발하는 데 기쁨을 느끼게 될 것이다.

아이들은 난폭하게 굴거나 지겨워하거나 피곤해하거나 공부가 힘들다거나 선생님이 편애를 한다는 등 불평불만이 많을 수 있다. 또 학교에서는 여러분의 아이가 게으르다거나 너무 예민하다거나 집중력이 없다거나 성격이 거칠다거나 하는 불평을 할 수 있다.

이 책은 여러분과 여러분 자녀의 학습에 장애가 되는 요인들을 극복하기 위한 기술, 전략, 훈련 방법을 알려줄 것이다.

그리고 어떻게 문제점을 짚어낼 수 있는지 알려주고, 그 문제점들이 어떻게 생겨났는지를 파악하고 그에 대한 해결책을 어떻게 찾아낼 수 있는지 등을 얘기해줄 것이다.

이를 통해 여러분은 아이들에 대해 좀더 많이 알게 될 것이며, 좀더 많이 이해하게 될 것이며, 아이들과의 관계가 더욱 좋아지는 것을 직접 체험하게 될 것이다.

이 책은 인생에 필요한 것들을 아이들에게 가르치고자 할 때 우연과 행운과 어림짐작에 의존하지 않고, 체계적이고 조직적이고 성공적인 방법으로 이끌 수 있도록 도와줄 것이다. 이 책은 우리 아이들이 무엇인가를 새롭게, 그리고 계속해서 배워나갈 때 든든한 생명줄이 되어줄 것이다.

지금 당장 시작하라. 그러면 성공할 수 있을 것이다!

진 롭과 힐러리 레츠
머시사이드에서

6

차례

1 이제 막 배움을 시작한 우리 아이의 '재능'을 발견하는 방법

2 아이와 함께 성공에 이르는 계단

3 책읽기를 배우기 시작하는 아이들

4 글쓰기를 배우기 시작하는 아이들

1

이제 막 배움을 시작한 우리 아이의 '재능'을 발견하는 방법

아이와 함께할 시간이 많지 않다

아래의 선이 아이의 일생을 나타내는 생명선이라고 가정해보자. 이 선은 0에서부터 시작된다. 의학 기술이 나날이 발달해가고 있으니 만큼(또 계산하기도 쉬우므로) 이 생명선이 100까지 계속된다고 치자. 그러니까 100세까지 산다고 생각해보자.

0_____16___25_____50_____100

지금 여러분의 아이는 어느 지점에 서 있는가? 아장아장 귀엽게 걸음마를 시작하는 돌잡이? 혹은 졸린 눈을 비벼가며 아침마다 책가방을 챙겨야 하는 초등학생? 아니면 얼굴에 두들두들 여드름이 돋기 시작하는 사춘기?… 그 어느 때든 상관없다. 지금 당장은 이 순간이 언제 끝날지 모를 만큼 길게 느껴질지 모르지만, 전체 인생을 놓고 보면 너무나 짧디짧은 일부분에 지나지 않는다.

한번 곰곰이 생각해보자. 이를테면 아이가 학교에 들어가기 전의 기간은 전체 인생의 5퍼센트밖에 되지 않는다. 시험에 대비해 복습하는 10주 간의 기간은 겨우 0.02퍼센트이다. 그렇다면 부모가 아이와 함께할 수 있는 시간은 과연 얼마나 될까? 아이가 부모에게 전적으로 의존하는 기간은 100세까지의 생명선에서는 16퍼센트 정도밖에 차지하지 않는다.

이 세월 중에는 유쾌한 기간도 있을 것이고 스트레스를 받는 기간도 있을 것이다. 하지만 한 가지 확실한 것이 있다. 어느 때가 되었든 각각의 새로운 기간에 따라 새로운 기술을 배워야 할 필요가 있다는 것이다. 이러한 기술은 우리 아이들에게 다음의 3가지를 심어주어야 한다.

- ◆ 진정한 자신감
- ◆ 능력
- ◆ 책임감

자신감은 융통성 있게 행동하고, 자신의 다양한 재주를 사용하며, 스스로의 한계를 깨닫고, 다른 사람의 비판을 견뎌내면서, 현실적인 기대를 할 수 있는 밑바탕이 된다. 또한 자신이 바라던 현실적인 기대가 비록 충족되지 못했을지라도 그 일을 계속해서 추진해나갈 수 있는 힘이 된다. 아이들의 자신감은 한 인간으로서의 가치를 확신하고 자신의 계획이 좌절되었을 때 그것을 개인적인 공격이나 자신이 무능력하다는 증거로 생각하지 않는다는 것을 뜻한다.

능력이란 모든 것이 더 작은 부분으로 나누어지며, 그 가운데 일부를 자신의 힘으로 해결할 수 있다는 사실을 깨닫는 것이다. 아이들은 자신이 유능하다고 느낄 때 다른 사람과 함께 일하거나, 도움을 요청하거나, 전문가를 찾아가거나, 교육 과정에 참여하거나, 뒤로 물러서거나 앞장서 나갈 수가 있다. 능력은 새로운 문제가 생겼을 때 이에 대처하기 위해 현재의 상황을 재구성할 필요가 있음을 인식하는 것이다.

책임감은 아이가 어떤 상황에서 해결해야 하는 중요한 문제들의 우선순위를 어떻게 정하는지 알고 있음을 뜻한다. 책임감이란 아이가 구할 수 있는 모든 정보를 찾아내고, 그것을 도움이 되는 것과 도움이 되지 않는 것으로 구분하기 위해 진지하게 생각하는 것이다. 책임감은 아이가 자신이 받아들인 정보들을 토대로 해서 결정을 내리게 되는 것을 의미한다.

자신감과 능력, 책임감을 길러주기 위해 우리는 아이들에게 무엇을 어떻게 해주어야 할까? 짧게는 16년, 길게 잡아봐야 25년, 아이가 우리 품안에 있을 때 해결해야 할 문제다. 아니면 때가 너무 늦어버린다.

새로운 것을 배울 때는
비판에 민감해진다

아이들은 부모와 함께 있는 동안 무의식적으로든, 의식적으로든 끊임없이 뭔가를 배워나간다. 갓 태어나서는 젖을 빠는 방법부터 뒤집고 기어다니는 것까지. 그리고 조금 커서는 걷는 것을 배우고 사물의 이름을 하나씩 배워나간다. 부모는 아이들에게 모든 학습에 있어 최초의 선생님이 될 수밖에 없다.

바로 이것이 중요하다. 이렇게 아이들이 부모에게 하나씩 하나씩 뭔가를 배워나갈 때 부모가 지원을 아끼지 않으면 아이들은 자신감 있고 능력 있고 책임감 있는 인격체로 자라나기 때문이다. 우리 아이들을 자신감, 능력, 책임감 있는 사람으로 가르칠 수만 있다면 아이는 부모가 아닌 다른 사람들의 도움도 기꺼이 받아들일 수 있을 것이다.

이때 반드시 기억해야 할 것이 있다. 아이들도 어른과 마찬가지로 뭔가 새로운 것을 배울 때에는 비판에 민감해진다는 사실이다. 이 점을 명심하고 있어야 어른들은 아이들에게 도움을 줄 수 있다.

또 하나, 아이가 한 사람의 온전한 인간이라는 것을 잊어버리면 아무런 도움도 줄 수 없다. 아이가 어떤 사실을 지식으로 배운다는 것 자체에만 신경을 쓴다면 부모의 기대를 충족시키지 못했을 때 아이는 금방 근심걱정에 휩싸이고 초조해지게 된다. 부모가 자기 자신이 정한 성공 수준에만 신경을 쓴다면 아이에게 전혀 도움이 되지 못한다는 얘기다. 그보다는 아이가 부모에게서 얼마나 도움을 받고 있다고 느끼는지에 집중해야 한다.

아이들이 필요로 하는 것은 안전함이나 직업을 구한다거나 결혼을 하는 것이라고 확신했던 시절이 있었다. 하지만 오늘날 어른들은 아이들이 살아가게 될 미래의 세상을 예측할 수 없게 되었다. 한마디로 불확실성의 시대이다. 변화의 속도가 너무나 빠르기 때문에 아무도 미래를 예측할 수가 없다.

이처럼 예측할 수 없는 세상에서 우리는 아이들이 감당해야 할 변화들이 무엇이든 간에 적극적으로 행동할 수 있는 사람이 되어 자신이 누구인지, 왜 이 자리에 존재하는지에 대한 의식을 분명히 가질 수 있도록 도와주어야 한다. 그것이 우리가 아이들을 위해 해줄 수 있는 최선의 역할이자 의무이다.

편안한 마음으로 뭔가를
잘 배운 아이들은 어떻게 변화할까?

아이들은…

♦ 항상 열린 마음을 갖는다.

♦ 예전에 배웠던 것들과, 그것이 얼마나 즐거웠는지를 기억한다.

♦ 신체적으로 편안함을 느낀다.

♦ 설명하는 내용을 잘 이해한다.

♦ 자신이 무엇을 알고 있는지, 또 무엇을 배워야 하는지 깨닫는다.

♦ 실수를 두려워하지 않는다.

♦ 주어진 과제에 집중할 수 있다.

♦ '나는 할 수 있다'는 자신감을 갖는다.

♦ 연습이 필요하다는 사실을 알게 된다.

♦ 뭔가를 배울 때는 시간이 걸린다는 것을 깨닫는다.

♦ 과제를 완수하기 위해 기꺼이 시간과 에너지를 쏟아붓는다.

♦ 다른 아이들과 비교하지 않는다.

♦ 자신이 얼마나 발전했는지 알게 된다.

♦ 능력을 최대한 발휘하는 데 필요한 일을 해내기 위해 책임감을 갖고 노력한다.

♦ 끈기 있게 계속해서 배운다.

♦ 잘한 점, 고쳐야 할 점 등 자신이 한 일에 대해 생각해보는 시간을 갖는다.

♦ 질문하고 대답하는 것을 좋아한다.

♦ 새로운 것을 배우는 데 있어 가장 큰 장애물이 좌절과 실망이라는 사실을 알게 된다.

'아이에게 도움이 되고 싶다'
어떻게 하면 될까?

꼭 기억하자! 부모는 아이들에게 가장 소중한 친구라는 사실을.

꼭 기억하자! 부모는 아이의 모든 것을 잘 알고 있는 사람이며, 아이들은 언제나 부모를 기쁘게 해주고 싶어한다는 사실을.

그리고 정말로 중요하지만 그 동안 생각해보지 않았던 것들을 다시 한번 떠올리자!

- 우리는 아이들과 함께 일할 수 있다.
- 우리는 아이들과 함께 배울 수 있다.
- 우리는 아이들과 함께 즐겁게 놀 수 있다.

그럼에도 부모들은 늘 불안해한다. 과연 내가 아이들을 잘 키우고 있는 걸까? 아이들이 필요로 하는 도움을 주고 있는 걸까? 혹시 아이들의 재능을 억누르고 있는 건 아닐까?

 **저는 학교 다닐 때 공부를 잘 못했습니다.**
그런데 우리 아이가 공부하는 걸 도와줄 수 있을까요?

물론이다. 가족들에게 멋진 요리를 만들어주기 위해 레스토랑을 운영할 필요는 없지 않은가! 또 단추 하나를 달려고 디자이너가 될 필요도 없고, 반창고를 붙이기 위해 의사가 될 필요도 없다.

그렇다면 어떻게? 지금까지 아이들에게 무엇을 가르쳐주었는지만 잠깐 생각해보자. 아이들은 태어나서 열 살이 될 때까지 매일매일 생활하는 법을 배우게 된다. 또 셈하기, 읽기, 시계보기, 글자 맞추어 문장 만들기, 소지품 간수하기, 안전하게 놀기 등 생활하는 데 필요한 사항을 자연스럽게 익힌다. 다양한 상황에서 다른 사람들과 힘을 모아 서로 협동하는 방법도 배워나간다. 따라서 아이에 대한 부모의 사랑, 뚜렷한 목적의식, 아이를 도와주겠다는 강한 의지만 있으면 된다.

보다 전문적인 지식을 쌓기 시작하는 것은 중학교 이상으로 올라가면서이다. 지금은 아이들에게 '생각하는 법'과 '배우는 법'을 알려주자. 그것만 가르칠 수 있다면 그것으로 이미 준비가 다 된 것이다.

 **시간이 없는데 어떻게 아이에게 도움을 줄 수 있나요?**

우선 나에게 주어진 시간이 얼마나 되는지 파악한다. 그런 다음, 주의 깊게 시간을 계획한다.

가령 아이가 해야 할 일에 대해 얘기해줄 정도의 시간만 있을 뿐 아이를 도와줄 시간이 없다고 치자. 그렇다면 아이와 어떤 대화를 나눌지, 그 내용을 미리 생각해본다. 대화를 통해 아이에게 다음과 같은 이야기를 분명하게 전달하면 될 것이다.

- ◆ 부모가 무슨 일을 시키는지
- ◆ 그 일을 어떻게 할 것인지
- ◆ 어떤 도구가 필요한지
- ◆ 부모에게 도움을 받아야 할 것은 없는지 등등

아이와 토론을 한 다음엔 조용히 눈을 감고 기다린다. 이것은 아이로 하여금 자신이 맡은 일의 다음 단계로 넘어갈 준비를 하도록 도와줄 것이다.

자기한테 주어진 과제를 해내는 데 시간이 필요하다는 사실을 깨달으면 아이는 거기에 관심을 집중하게 되고, 그에 따라 목적의식이 생기며 동기 부여를 할 수 있다.

 ## 우리 아이는 친구들하고 놀려고만 해요

아이의 학습에 대한 책임은 부모에게 있다는 사실을 잊지 말자! 부모가 진지하게 그러한 책임을 진다는 것을 아이도 알고 있어야 한다. 그리고 학습이란 가족 간의 일이므로 가족 모두의 시간과 노력, 헌신이 필요하다. 아이들과 협상을 하는 일은 중요하지만, 이 역시 한계가 명확하게 정해졌을 경우에만 받아들여질 수 있는 것이다. 성공적으로 배우기 위해서는 아이도 한계가 있다는 사실을 이해하고 있어야 한다.

예를 들어, 해야 할 숙제가 있는데도 계속해서 친구들하고 놀고 싶어하는 경우가 있을 것이다. 이럴 때 언제 놀고 언제 숙제할 것인지는 선택할 수 있지만, 숙제란 꼭 해야 하는 것임을 알고 있어야 한다.

 ## 어느 정도로 아이를 도와주는 게 좋은가요?

무슨 일을 하든 간에, 일을 끝마칠 무렵에는 아이가 좀더 숙달될 수 있도록 충분히 도움을 주어야 한다. 아이 스스로 자신은 잘 배울 수 있고, 또 배운 것을 활용할 수 있다는 자신감을 느낄 수 있게끔 해줘야 한다는 것이다.

아이에게 주어진 일이 너무 어렵다고 생각된다면 조금씩 해내도록 한다. 그리고 질문을 통해 아이에게 무엇을 할 수 있는지, 이미 알고 있는 것은 무엇인지 알게 함으로써 과제를 완수할 수 있는 지침을

제공한다. 아이가 제대로 해낼 수 없다는 생각을 하도록 내버려두어
서는 절대로 안 된다.

 **우리 아이는 학교에 갔다오면 몹시 지쳐 보입니다.
뭔가를 더 시키는 것은 좀 그런데요…**

　누구에게든 생활 리듬이 있게 마련이다. 따라서 중요한 것은 아이
의 리듬을 알아내는 것이다. 아이의 생활 리듬을 알아낸 후에는 어떻
게 다른 가족들과 속도를 맞출 수 있는지 생각한다. 가능하면 아이가
자신의 리듬에 맞춰 생활할 수 있도록 계획을 세우는 것이 좋다.
　방과후 아이가 피곤해한다면 기운을 북돋워줄 수 있는 것들을 찾
아낸다. 예를 들어 아이가 좋아하는 음식을 만들어준다거나 포근히
안아준다거나 한숨 푹 재우거나 이야기를 하거나 재밌는 책을 읽게
한다. 그런 다음에 숙제와 심부름 등 아이가 해야 할 일을 정리하여
최선을 다하도록 도와준다.

 **내가 도와주려고 하면 아이들은 이렇게 말해요.
"학교 선생님은 그렇게 안 한단 말야!"**

　"왜 엄마가 가르쳐주는 건 선생님하고 틀려?" 혹은 "학교에선 그
렇게 안 해"라고 하면 부모는 금세 기운이 빠져버린다.

어떤 학교에서는 의도적으로 학습 활동에 부모를 참여시키기도 한다. 만약 이와 반대로 학교가 부모에게 도움을 주지 않거나, 또는 아이가 계속해서 엄마, 아빠는 뭘 모른다고 비난해도 아이를 도와주는 일을 포기해서는 안 된다. 엄마와 아빠가 아이들에게 도움을 줄 수 있는 일은 너무도 많기 때문이다.

아이들이 꼭 배우고 연습해야 할 것들
◆ 상대방이 이해할 수 있도록 말하기
◆ 예절바르게 행동하기
◆ 다른 사람들과 잘 어울리기
◆ 맞춤법과 필기에 능숙해지기
◆ 수학은 기호로 이루어진 일상 생활이며,
　그 기호들이 어떻게 작용하는지 깨닫기 등등.

우리 부모들에게 가장 필요한 것은
항상 자신의 생각에 믿음을 갖는 일이다

 **아이가 공부하는 걸 도와주기엔 너무 늦은 게 아닐까요?**

아이에게 뭔가를 배우는 방법을 가르치는 것이라면 아이가 몇 살이 되었든 상관없이 얼마든지 뒷받침해줄 수 있다. 아이들은 집에서든 학교에서든, 어떻게 해야 선생님한테 잘 배울 수 있는지 그 방법을 알게 되면 그렇게 할 것이다.

교사들은 아이의 나이가 몇 살이든 관계없이 대답을 잘하고 준비물을 빠뜨리지 않고, 무슨 얘기든 귀기울여 들으며, 지시 사항을 잘 따르며 노력하는 아이들에게 깊은 관심을 갖게 마련이다. 또한 용모가 단정하고(깨끗한 옷차림에 깨끗한 손톱, 깨끗한 귀와 코!) 선생님을 잘 바라보고 똑똑하게 말하며 예절바르게 행동하는 아이들에게 더 많은 도움을 주게 된다.

그렇다면 우리 부모들이 아이들에게 무엇을 어떻게 해주어야 하는지 저절로 해답이 나온다.

 **딸아이는 공부를 잘하는데 아들 녀석은 그렇질 못해요. 대신 운동은 아주 잘하죠**

운동 선수들도 읽기와 쓰기를 배우고 싶어하며, 또 당연히 그래야 한다. 그러므로 아이들의 장점을 살려주면서 단점을 보강해주는 방향으로 이끌어주어야 한다. 우선, 아이들의 행동이나 노력이 어떤 점을 개선시켰는지 그 변화의 과정을 체험하게 해주는 것이 중요하다.

24

무언가 새로운 행동을 했을 때는 반드시 그 결과를 일목요연하게 정리하고 좋아진 점을 점검한다. 그리고 운동 경기는 물론이고 공부에서도 상위권에 들 수 있는지 파악한다.

무슨 일을 하든 가장 큰 방해 요인은 사고방식이다. 우리가 어떻게 생각하는가를 이해하면 이해할수록 어떠한 문제점(학습을 방해하는 요인)이 있는지를 쉽게 알아낼 수 있기 때문에 문제 해결도 그만큼 쉬워진다. 가능성은 얼마든지 열려 있으므로 사고방식을 개선시키기 위한 전략을 수립할 수 있다. 생각하는 방식이 행동하는 데 어떠한 영향을 미치는지 이해하게 되면 학습장애 요인을 제거할 기회를 더 많이 가질 수 있다.

아이가 스스로 자신의 생각을 깨닫고, 아울러 다른 사람의 생각도 헤아릴 수 있도록 격려해주자.

내 아이를 가르치는 것은
왜 어려운가?

거의 대부분의 부모들이 아이의 친구들을 가르치거나 도움을 줄 때는 전혀 보이지 않던 장애물들이 자신의 아이를 도와주려고 할 때는 자주 나타난다는 사실을 깨닫고 놀라곤 한다. 이럴 때 부모들은 자기 아이에 대해 절망감과 함께 무력감을 갖게 된다.

하지만 이런 일이 일어난다고 해서 결코 절망하지 말 것! 왜냐하면 누구한테나 일어나는 일이니까.

부모들은 아마 다음과 같은 느낌을 갖게 될 것이다.

아이가 불안해할까봐 걱정스러워한다 부모는 아이의 인생을 책임져야 한다는 강한 의무감을 느낀다. 불안한 인생으로부터 안전한 피난처를 제공할 수 있다는 아이의 믿음을 위협하고 싶어하지 않는 것이다. 이와 달리, 아이의 친구들에게 도움을 줄 때는 훨씬 마음이 편해진다. 그 아이들에겐 또 다른 안전한 피난처가 있다는 사실을 알고 있기 때문이다.

아이를 망치는 것은 아닌가 하는 두려움에 휩싸인다 아이를 가르치는 시간이 적절한 걸까, 가르치는 장소를 잘못 선택한 것은 아닐까, 가르치는 방법이 잘못되지는 않았을까, 엉뚱한 걸 가르치는 것은 아닐까 싶어서 늘 전전긍긍한다. 반대로, 아이의 친구들을 도와줄 때는 새로운 정보를 가르쳐준다는 것 자체에 집중하므로 다른 잔걱정이 사라진다.

다른 가족들에게 무심해지는 건 아닐까 걱정한다 한 아이에게만 너무 많이 관심을 쏟고 특혜를 주면 다른 가족들이 희생되는 것 같다는 느낌을 갖게 된다. 하지만 다른 집 아이들을 가르칠 대는 과제에 맞추어 시간을 배분하므로 이같은 갈등이 일어나지 않는다.

부모와 아이 모두 과거의 경험이 자꾸 떠오른다 내 자식이 무엇을 할 수 있는지 파악하는 일은 때때로 너무 힘들다. 다른 집 아이를 다룰 때에는 그 아이의 잠재성을 보다 명확하게 볼 수 있는 위치에 서게 된다.

사랑에 얽매여 냉정해지지 못한다 내 자식에게 냉정하게 행동하기란 정말이지 어렵다. 특히 아이가 아주 힘들어하거나 약해져 있을 때는 자신의 의지와 상관없이 마음이 짠해지고 표정도 누그러진다. 그러다보면 자신이 올바르게 행동하고 있는 것인지 확신이 서지 않고 머뭇거리게 된다. 그러나 다른 아이들을 가르칠 경우엔 냉정을 유지하고 제때제때 진도가 나아갈 수 있도록 준비를 한다.

아이들은 부모가 도움을 줄 수 없다고 느낀다 부모가 충분히 도움을 줄 수 있는데도 불구하고 아이들은 다른 사람에게 도움을 청한다. 오히려 다른 집 아이들이 나의 진정한 능력을 더 잘 알고 있다. 왜냐하면 객관적인 시각으로 바라볼 수 있기 때문이다.

멀리하기엔 너무 가까운 사이 아이와 늘 붙어 지낸다는 사실은 부모의 인내심이 이미 미약하다는 것을 의미한다. 예를 들어 지저분하게 널려 있는 방 때문에 짜증이 나기 쉽고 편식하는 아이와 말씨름하느라 진을 뺀다. 다른 사람의 아이 같으면 그 아이를 도와줄 것인지 말 것인지, 혹은 계속할 것인지 그만둘 것인지 스스로 생각하여 선택할 수 있다. 그만큼 자유롭다는 얘기다.

부모라는 부담감에서
벗어나는 법

누구나 아이였을 때는 결코 내 부모처럼 불공평하거나 멍청하지 않으리라, 부모와 같은 실수는 절대로 저지르지 않으리라 다짐한다. 하지만 일단 부모가 되면 이런 다짐이 환상이라는 것을 깨닫게 된다. 나 역시 내 부모와 하나도 다를 게 없구나… 싶은 생각이 들면 허탈해지면서 때로 울고 싶어지기도 한다.

하지만 부모도 인간이다!
- 확신이 설 때도 있지만 몹시 헷갈릴 때도 있다.
- 감정을 자제할 때도 있지만 통제불능일 때도 있다.
- 내가 무엇을 하고 있는지 잘 알고 있을 때도 있지만 도무지 아무 것도 모를 때가 있다.

◆ 계획대로 진행되는 것을 볼 때도 있지만 전혀 예기치 못한 상황에 놓일 때도 있다.

부모로서의 힘을 최대한 갖추려면 지금 있는 그대로의 내 모습을 인정하자. 그래야 아이들에게 더욱 솔직해질 수 있고, 편안하게 다가가 대화를 나눌 수 있다.

부모라는 부담감에서 벗어나기 위해 명심할 것 7가지

1 가끔 기분 전환을 위해 자유로운 시간을 가져야 한다. 부모 노릇은 어려운 일이다. 때로 감정을 억누르기 힘들어 화산처럼 폭발하기도 하고 슬럼프에 빠져 허우적거리기도 한다. 이럴 때 기분 전환은 균형 감각을 되찾아주는 기회를 제공할 것이다. 긴장을 완화시키고 기분을 전환시키는 방법은 이 책의 7장에 자세히 실려 있으므로 참조하기 바란다.

2 부모로서 겪게 되는 감정은 이전에는 전혀 경험해본 적이 없을 것이다. 따라서 아이에 대한 책임감을 진정으로 이해하고 연습하지 않는다면 어느 순간 갑자기 아이와의 관계에서뿐만 아니라 스스로도 갈등에 빠지게 된다. 부모가 제시하는 지침은 앞으로 아이가 부딪히게 될 상황에서 무엇을 어떻게 해야 하는지 방향을 결정하게끔

해준다. 당신은 아이가 자기 자신과 가족과 사회를 위해 책임질 줄 아는 의식 있는 성인이 되도록 가르칠 책임이 있다.

3 당신이 겪고 있는 일들은 나중에 당신의 아이가 성인이 되었을 때 그대로 겪게 될 것이다. 그러므로 아이가 당신의 전부는 아닐지 몰라도 아이가 점차 하나의 인격체로 독립해나가는 과정에서는 당신이 아이의 전부가 되는 것이다.

4 당신은 확실한 믿음을 갖고 행동하기도 하지만 때로는 불확실할 때도 있다. 이 사실을 당신의 아이들도 반드시 알고 있어야 한다.

5 세상에는 부모가 통제할 수 있는 일, 고칠 수 있는 일도 있지만 전혀 손을 대지 못하는 일도 있다는 사실을 아이들도 알 필요가 있다.

6 언제나 아이를 위해 최선을 다해야 한다. 경험을 많이 하면 할수록 또 다른 선택을 내릴 수도 있다는 사실을 깨닫게 된다. 그러나 어떤 결정을 내리든 간에 항상 최선을 다해야 한다.

7 문제를 제기하고 그것을 해결하기 위해 정보를 수집하고, 그에 대해 또다시 문제를 제기함으로써 가장 바람직한 해결 방법을 알아낼 수 있다. 그렇다면 내가 알고 있는 것은 무엇인가? 내가 알아야 할 것들은 무엇인가? 어떻게 좋은 방법을 찾아내야 하는가? 우리는 항상 자신에게 문제를 제기할 줄 알아야 한다.

새로운 것을 가르치기 전에 꼭 알아야 할 것들

　다시 한번 강조하건대, 우리가 아이들을 품안에 끼고 가르칠 시간
은 많지 않다. 더 나아가 가르칠 수 있는 것도 그리 많지 않다. 하지
만 중요한 점은, 그 많지 않은 가르침이 우리 아이들에겐 인생을 살
아나가는 데 꼭 필요한 기본 도구가 된다는 사실이다. 특히 자신감과
능력, 책임감을 사랑과 함께 가르칠 수만 있다면 결코 후회하지 않을
것이다. 그렇다면 기억하자.

- 우리 아이들은 이미 할 수 있는 사람인지 모른다.
- 뭔가를 기분 좋게 배웠던 경험이 있을 수 있다.
- 정말로 즐겁게 해냈던 무언가를 생각해낼 수 있다.

우선, 아이에게 "네가 정말로 잘하는 게 뭐니?"라고 물어보라. 그런 다음 아이의 대답을 받아 적고 아이와 부모 모두 그 점에 대해 인정하는지 확인하라. 다음의 질문은 아이로 하여금 '하면 된다' 혹은 '할 수 있다' 는 느낌을 갖도록 해줄 것이며, 또 그러한 느낌을 갖기 위해서는 어떻게 해야 하는지를 보다 분명하게 깨닫게 해줄 것이다.

- 그 일을 하려면 어떤 것이 필요할까? 그걸 잘하기 위해서 열심히 노력해보겠니?
- 실수를 하더라도 겁먹지 않고 잘 해낼 수 있겠어? 왜냐하면 실수란 성공의 어머니거든.
- 그 일을 해낼 준비가 되었니?
- 그걸 시작하기 전에 그 일에 대해 생각해봤니? 또, 그 일을 하는 동안에는 어땠어? 그리고 그걸 끝냈을 때 어떤 느낌이 들었니?
- 일을 잘 끝내고 났을 때 기분이 좋았어? 일을 잘 끝냈다고 다른 사람한테 얘기했을 때 마치 날아갈 것처럼 기쁘지 않았니?
- 조금만 더 고치면 훨씬 나아질 것 같다는 생각이 들었어?
- 다른 사람들은 별것 아니라고 해도 너한테만큼은 정말 중요한 뭔가가 있니? 만약 있다면, 과연 그게 뭘까?
- 다른 사람들이 하는 말에 영향을 많이 받는 편이니?
- 일을 성공적으로 해내기 위해 너 자신에게 최선을 다하고 있다고 생각하니?
- 어떻게 스스로를 격려하고 축하해주고 있니?
- 어떤 일을 할 때 남의 도움 없이 스스로 속도를 조절할 수 있겠

니? 언제 쉬면 좋을지, 또 언제 그만두면 좋을지 나름대로 판단할
수 있겠어?

♦ 실수를 저질렀을 때, 그리고 다른 사람이 아주 뛰어나게 잘했을
때 두려움을 느끼거나 속상해하는 편이니?

♦ 다른 사람이 해놓은 일을 자신의 일에 어떻게 적용하면 좋을지
생각해본 적이 있니?

♦ 이 일들을 어떻게 하면 좋을지 생활 계획표를 짤 수 있겠니?

아이들이 이러한 질문에 대답할 수 있다면, 이미 아이는 무언가를
할 수 있는 사람이다!

또한 이제부터 아이들은 무엇을 배우든 간에 이같은 개념을 이해
하고 적용시킬 수 있게 된 것이다. 질문과 대답을 통해 무엇을 생각
해야 하는지, 어떻게 자신의 일을 정리하고 해나갈 수 있는지 배우게
되었으니까 말이다.

어른들이건 아이들이건
누군가를 제대로 잘 가르치고 있다면
그것은 다음과 같은 이유들 때문이다.

◆ 주어진 과제를 해낼 수 있도록 충분히 시간을 확보한다.

◆ 과제를 선택할 때 완수해낼 수 있을 만큼만 정한다.

◆ 시간이나 과제를 정할 때 일상 생활과 밀접하게 한다.

◆ '만약 ~라면' 이라고 가정을 하지 않는다.

◆ 듬뿍 칭찬하고 격려한다.

◆ 어려운 점이 있을 때마다 도와준다.

◆ 자유롭게 대화를 나눈다.

◆ 절대 비난하지 않는다.

◆ 각 개인의 특성을 관찰하고, 그에 대해 의견을 나눈다.

◆ 방법은 하나뿐이라고 몰아붙이지 않는다.

◆ 질문을 통해 사고력과 창의력을 북돋워준다.

◆ 배움의 길이란 끝이 없음을 알고 있다- 배운다는 것은 일종의 탐험 여행이다.

◆ 다른 사람의 도움을 받는다.

◆ 무엇을 할 수 있고, 무엇을 할 수 없는지 잘 알고 있다.

◆ 정성껏 귀기울여 들어준다.

◆ 늘 생각한다.

성공적으로 잘 가르칠 수 있는 이유들을 명심하고, 그것을 아이들에게 적용하면 아이들을 도와주고자 할 때마다 성공할 수 있을 것이다.

36

내 자식을 가르치는 데 있어서의
장애물 제거하기

내 자식을 가르치는 것은 어렵다. 그렇다면 다른 아이들을 가르칠 때 성공한 이유 중의 하나를 택하여 내 아이에게 적용해보라. 예를 들어 과제를 선택할 때도 성공적으로 완수할 수 있는 범위 내에서 정한다.

특히 아이가 적당한 교육 환경에 놓여 있는지 살펴보아야 한다. 사실 내 아이와는 24시간 같은 환경에서 지내기 때문에 생활 환경과 교육 환경을 따로 분리하기 어렵다. 아이가 적절한 교육 환경 속에 있는가, 그렇지 않은가는 효과적인 학습을 이끌어내는 아주 중요한 요소가 된다.

신체적으로

♦ 피곤하거나, 혹은 배가 고프지 않은가?

♦ 화장실에 가고 싶어하지 않는가?

♦ 휴식이 필요한 건 아닐까?

정서적으로

♦ 부모의 경우, 아이를 적극적으로 도와줄 마음의 자세가 갖춰져 있는가?

♦ 무엇이든 부모에게 스스럼없이 말하고 행동할 수 있는가?

♦ 두렵거나 지겹다고 생각하는 일에 한번 도전해보겠다는 용기를 갖고 있는가?

지적으로

♦ 주어진 과제에 대해 자유롭게 말할 수 있는 기회가 있는가? 즉, 마음껏 수다를 떨 수 있는가?

♦ 해야 할 일에 대해 자세히 설명해줄 필요가 있는가? 부모는 아이들에게 교사가 무엇을 기대하는지, 또 아이가 잘 모르는 부분이 있을 수 있다는 사실을 알려주어야 한다.

구조적으로

♦ 적절한 교재와 교구가 준비되어 있는가?

♦ 과제를 수행할 수 있는 시간이 충분한가?

♦ 계획을 짜고 결과를 검토하는 데 도움이 필요한가?

사회적으로

• 다른 가족들에게 도움이 되는 일을 하고 있다고 아이가 느끼는
  가?

• 혼자서 하는 것을 좋아하는가, 아니면 친구와 같이 하는 것을 좋
  아하는가?

성공이란 부모와 아이 모두에게 바람직한 환경, 그러니까 서로 편
안하게 도움을 주고 도움을 받을 수 있는 환경에서 비롯된다는 사실
을 기억하자.

시간을 계획하는 연습

부모의 힘이란 도대체 어디서 나오는 것일까? 나는 종종 집에서 아무 힘도 없다고 느끼는 부모들한테 이런 말을 듣곤 한다.

"우리 아이는 과일이나 야채는 도통 먹으려 들지 않아요."

"우리 딸은 텔레비전을 너무 많이 봐요."

"아들 녀석이 딸애를 못살게 굴어요."

"애가 도통 잠을 자려고 하질 않아요."

"시어머니는 제가 좀더 엄격해져야 한다고 꾸중하세요."

"아이를 제대로 돌볼 시간이 없어요. 너무 바쁘거든요."

"얌전히 앉아 숙제하는 꼴을 못 보겠어요."

이런 문제들은 어찌 보면 아주 사소하고 미묘한 것이다. 하지만 모

40

든 부모들이 피해갈 수 없는 문제이기도 하다. 어떻게 하면 아이들이 하고 싶어하는 일을 마음대로 하게 내버려두면서도 통제할 수 있을까?

일상에서 늘 겪어야 하는 이러한 문제들을 해결하기 위해서는 무엇보다 시간을 계획하는 연습이 필요하다. 우선 아래의 질문에 대해 생각해보자.

1. 가족을 위해 당신이 바라는 삶은 과연 어떤 것일까?
2. 가족으로서 얼마나 오랜 시간을 함께 보내고 싶어하는가?
3. 각각의 아이들과 개인적으로 얼마나 오랫동안 함께 보내고 싶어하는가? 아마 당신의 시간은 이렇게 쓰일 수 있을 것이다.

숙제하는 걸 도와주기

함께 집안일하기

게임하기, 이야기 나누기

식사하기, 텔레비전 보기

4. 자신이 좋아하는 일에 푹 빠져 있는 아이를 얼마나 오랫동안 즐거운 마음으로 지켜볼 수 있는가?
5. 아이가 몇 시까지 안 자도 된다고 생각하는가?

자, 이번엔 아이에게 주어진 시간을 계획해보자.

1. 아이가 자유롭게 보낼 수 있는 시간을 적는다.
2. 아이가 하고 싶어하는 것들을 모두 적는다.
3. 아이가 각 활동에 어느 정도의 시간을 할애했으면 좋을지 정한다.
4. 위의 내용을 아이가 받아들일 수 있는지 아이와 함께 이야기를 나눈다.

지금까지 얘기한 문제들을 생각해보고, 그에 따라 시간을 정하는 연습은 아이들에게 계획을 세우는 방법에 대해 알려줄 수 있을 것이다. 또한 책임감과 아울러 다른 사람이 무엇을 원하는지, 어떤 것을 하면 안 되는지, 어떤 것부터 해야 하는지 등을 가르쳐주게 된다.

이때 잊지 말아야 할 것은 가족들 모두 각각 독창적인 존재라는 사실이다. 그리고 어느 때든 돌발 상황이 있게 마련이라는 것이다. 모든 일이 계획대로 잘 되어간다고 느낄 때조차 전혀 생각지 못한 상황이 벌어진다. 예를 들어, 감기에 걸렸다든가 갑작스런 가족 모임에 참석해야 한다든가 하는 상황 말이다. 갑작스럽게 벌어지는 일들 때문에 그 동안 잘 세워놓았던 계획이 한꺼번에 어그러질 수 있다. 특히 몇시 몇분까지 일일이 계획을 세워놓았을 경우엔 더욱 그렇다. 그러므로 시간표를 짤 때는 융통성 있게 선택 사항을 넣어서 비상 사태에 대비해야 한다.

숙제를 잘 챙기지 못하는 아이와 함께 시간을 계획하는 연습 하기

1 같이 공부하려는 친구처럼 아이 옆에 다정하게 앉는다.

2 숙제 알림장을 아이와 함께 읽는다.

3 아이와 함께 무엇을 해야 하는지에 대해 1분 동안 적는다.

4 숙제하는 데 어느 정도의 시간이 필요할지 정한다.

5 선생님이 원하시는 것이 무엇인지를 얘기해본다.

6 숙제에 필요한 도구와 자료들이 무엇인지 점검한다.

7 언제 숙제를 끝마쳐야 할지 시간표를 만든다.

8 도구와 자료들을 준비한다.

9 숙제 검사하는 시간을 정한다.

10 아이가 곧바로 숙제를 할 수 있는지 살펴본다.

11 숙제한 내용을 검토하고, 숙제를 통해 부모와 아이가 새롭게 배우고 알게 된 사실에 관해 이야기를 나눈다.

아이가 스스로에게 좋은 느낌을
갖도록 이끌어주기

아이에게 긍정적인 자아상을 심어주는 것만큼 중요한 것도 없지 싶다. 능력에서든 외모에서든 자신에게 좋은 느낌과 자부심을 가질 수 있다면 누구를 만나 어떤 일을 하든 훨씬 더 적극적으로 행동하게 된다. 그렇다면 어떻게 해야 좋은 느낌을 갖도록 도와줄 수 있을까?

먼저, 아이가 지금 자신에 대해 어떻게 생각하는지부터 알아볼 필요가 있다. 이 과정에서 우리는 새삼 깨닫게 될 것이다. 부모가 생각하는 아이의 모습과 아이 스스로 생각하는 아이의 모습이 똑같은지, 혹은 전혀 다른지 말이다.

당신의 아이들은 스스로

♦ 너무 뚱뚱하고

- ◆ 너무 말랐고
- ◆ 학급에서 가장 키가 작고
- ◆ 안경을 쓰고 있어서

너무 못생겼다고 생각하고 있지는 않은가?

부모는 세상 사람들이 모두 다르다는 사실을 아이가 진정으로 이해할 수 있도록 이끌어줄 필요가 있다.

자부심을 갖기 위한 연습

1 자신이 어떻게 생겼으면 좋겠는지에 관해 아이와 이야기를 나눈다. 이때 아이가 얘기하는 모습을 되도록 자세히 적는다.

2 아이와 함께 여러 항목을 정해 이상적인 모델의 기준선을 도표로 그린다. 이를테면 키는 얼마 정도, 얼굴은 어떤 모양, 체구는 어느 정도… 하는 식으로 정하면 된다.

3 많은 사람들을 관찰할 수 있는 장소를 알아본다.

4 그 장소에 아이와 같이 가서 자리를 잡고 앉는다.

5 열 명 가운데 한 명씩 정해서 그 사람의 특징을 적어본다.

6 그 사람이 모델 도표에서 어디에 해당하는지 결정한다.

7 마지막으로, 아이가 이상적인 사람이라고 생각하는 모델에 속하는 사람들이 얼마나 되는지 세어본다.

이렇게 해보면 아이는 모든 걸 완벽하게 갖춘 사람이 거의 없다는
사실을 깨닫게 될 것이다! 더 나아가, 사람들마다 나름대로의 개성
을 지니고 있다는 사실도 깨달을 것이다!

때로는 가족이나 친구들에게 스스로가 어떤 모습으로 바뀌었으면
좋을지를 물어보는 것도 도움이 될 수 있다. 아이가 생각하기에 멋지
게 생긴 사람들도 실제로는 좀더 다르게 생겼으면 하고 원한다는 사
실을 알게 될 것이기 때문이다. 자기 자신에게 완벽하게 만족하는 사
람은 거의 없으니까 말이다.

이런 사실을 알게 되면 아이들은 그 동안의 생각에서 벗어나 자기
만의 스타일을 만들어내기 시작할 것이다.

집착은 성장 과정에서
나타나는 자연스런 현상

"우리 아인 한 가지에 빠지면 헤어나오질 못해요. 어렸을 땐 공룡이라면 사족을 못 쓰더니 요즘엔 컴퓨터 게임만 하려그 들어요."

부모들은 자기 아이가 하나에 치우지지 않고 균형적으로 성장하길 원한다. 하지만 아이들은 부모의 기대와 상관없이 텔레비전이나 컴퓨터, 인기 스타, 친구 등 자신이 좋아하는 뭔가에 푹 빠질 수 있다. 과거에 우리도 그렇게 하지 않았던가.

집착은 성장 과정에서 나타날 수 있는 자연스런 현상이다. 만약 집착이 아이의 전인적인 성장에 기여한다면 그것은 아주 유익한 것일수 있다. 또 집착이 아이의 학습에 도움이 된다면 아이는 새로운 사람들과 일을 만날 수 있다. 이 모든 것은 아이가 보다 넓은 사회의 일원이 되어가는 과정이 된다.

부모가 이래라저래라 하는 것은 아이가 원하는 것이 아닐 때가 많다. 아이가 원하는 것을 부모가 제시해줄 수는 없다. 그렇다고 해서 아이가 부모를 사랑하지 않는다는 뜻은 결코 아니다.

하지만 집착이 아이의 수면이나 학교 생활을 방해하는 것은 아닌지, 좋은 습관을 망치거나 물건을 훔치고 거짓말을 하게 만드는 것은 아닌지 살펴보아야 한다. 혹시라도 그렇다면 부모는 아이의 균형 감각을 회복시킬 방법을 제안함으로써 도와줄 수 있다. 가령 어떤 것을 하는 데 얼마나 시간이 들었는지를 이야기하고, 아이 스스로 혹은 부모와 함께 해결해나가는 것이 얼마나 중요한지 설명해줄 수 있다는 의미이다.

당신의 아이들이 컴퓨터에 집착하고 있다고 판단되면 우선 생각해보자.

- 컴퓨터를 하는 데 많은 시간을 보내고 있는 것 같은가?
- 아이가 눈에 띌 만큼 공격적으로 변하는가?
- 부모에게 말을 걸려고 하지 않는가?
- 자신이 사용하는 프로그램이 무엇인지 아이가 알고 있는가?
- 아이가 계속해서 책을 읽고 있는가?
- 운동을 게을리하거나 바깥 활동을 싫어하지 않는가?

컴퓨터 중독에 빠진 아이들을 모니터 앞에서 떼어놓기란 여간 어려운 일이 아니다. 컴퓨터가 일상 생활이나 학교 숙제에 방해가 된다면 아이에게 다른 일을 하는 것이 왜, 얼마나 중요한지를 설명해주려고 노력해야 한다.

부모가 어렸을 때 가져본 적이 없는 것에 대해 어떻게 대처해야 하는지를 알아내는 일은 어려울 수 있다. 무엇이 위험하고 무엇이 좋은지 알아내기가 힘드니까 말이다. 하지만 새로운 것을 외면할 수는 없다. 그 새로운 것이 우리 아이들에겐 너무나 평범하고 일상적이기 때문이다. 이럴 땐 우리의 사고방식을 뒤집어보자. 아이가 부모도 알아야 한다고 생각하는 것은 무엇일까? 혹은 알았으면 좋겠다고 생각하는 것은 무엇일까?

배움의 길은 끝이 없다. 그러므로 아이에게 엄마 아빠의 선생님이 되어달라고 부탁하라. 그렇게 탐색할 시간을 마련하고 아이와 함께 배우도록 하라.

아이와 협상을 이끌어내는
훈련 프로그램

아이와 제대로 협상을 할 줄만 안다면 부모와 아이의 인생은 지금보다 2배는 더 행복해진다. 아니, 그 이상이 될 수 있다고 장담한다. 하지만 아이와 협상을 잘 이끌어낼 수 있는 부모가 과연 얼마나 될까?

협상이란 서로 의견을 나누어 어떤 목적에 부합되는 결정을 내리는 일이다. 따라서 어느 한쪽이 일방적인 권위를 가져서는 안 된다. 협상 테이블에 앉는 양쪽 모두가 서로 원하는 것을 가질 수 있도록 '더불어' 문제를 해결해나가는 과정이다. 윈윈(win-win) 전략이란 바로 이럴 때 두고 하는 말이 아닐까.

그러기 위해서는 전제 조건이 필요하다.

- 아이의 협상 능력을 믿어야 한다.
- 아이가 나와 같다고 착각해서는 안 된다.
- 참는 것이 부모의 도리라고 생각해서도 안 된다.
- '싫어' 라는 대답을 거부하거나, 또는 물러서지 않아야 한다.
- 서로 협상한 내용은 천재지변이 일어나지 않는 한 반드시 지키도록 한다.

물론 협상을 하는 데도 원칙과 훈련이 필요하다. 또 협상이라고 해서 국가 원수나 대기업의 영업 이사끼리만 하는 것도 아니다. 우리가 매일 아이와 함께 생활하면서 부딪히는 사소한 문제 하나하나가 모두 협상의 대상이 된다.

아이 방을 깨끗이 치우기 위한 5분간의 노력

1 주어진 시간 안에 어떻게 방을 치울지 아이와 같이 토론한다.
2 서로 합의된 내용을 메모한다.
3 몇 분 안에 끝낼 것인지를 정하고, 아이가 얼마나 많은 일을 할 수 있을지 파악한다.
4 아이가 얼마나 해냈는지 체크한다.
5 다음에도 그렇게 해야 한다는 걸 아이가 알고 있는지 물어본다.
6 3분 후에 방 청소가 잘되었는지 살펴본다.
7 마무리를 잘할 수 있도록 도와준다.
8 아이가 잘 해냈다는 사실에 초점을 맞춰 듬뿍 칭찬해준다.
9 그 일을 어떻게 해냈는지에 관해 아이에게 질문한다.

협상할 때 지켜야 할 7가지

1 **해야 할 일에 대해 토론한다** 계획을 세우는 데 있어 토론은 매우 중요하다. 아무리 어린 아이들이라고 해도 각자 나름대로 자신의 생각을 갖고 있음을 잊지 말자. 따라서 원칙과 규율을 정해놓을 수는 있지만 결코 창의성을 억누르거나 의견을 무시해서는 안 된다. 만약 아이가 반대 의견을 내놓는다면 왜 그런 의견을 내놓게 되었는지 이유를 분명히 말할 수 있도록 이끌어준다.

2 **토론한 사항을 메모한다** 말은 입 밖으로 나오면 금세 흔적도 없이 사라지고 말지만, 그것을 글자로 써놓으면 훨씬 객관적으로 받아들이게 된다. 부모와 아이 모두에게 무엇이 문제였는지 분명하게 확인시켜주기 때문이다. 이렇게 토론 내용을 글로 적기 시작하는 순간 부모는 이미 질서정연한 방식으로 과제에 접근하고 있는 것이다.

3 **1분 동안 아이가 어느 정도 해낼 수 있는지 파악한다** 시간의 단위는 되도록 짧게 잡는다. 그래야 한 가지 과제에 집중할 수 있고, 그에 따라 성취감도 더욱 크게 맛볼 수 있다. 1분부터 시작하면 일 전체를 망쳐버릴 위험을 최소화할 수 있어 좋다.

4 **아이가 얼마나 일을 해냈는지 체크한다** 중간 점검을 하게 되면 아이가 자신이 하고 있는 일에 좋은 느낌을 갖고 있는지 그렇지 않은지를 금방 알아챌 수 있다. 제대로 하고 있지 못하다는 느낌이 들면 새로운 대안을 생각해본다.

5 **다음에 무슨 일을 하게 될지 얘기한다** 이렇게 하면 아이는 여전히 원칙과 규율이 정해져 있음을 알게 되고, 그에 따라 자연스럽게 자신이 해야 할 일을 떠올리면서 스스로 결정을 내리게 된다. 또한 부모는 필요하다고 생각되는 제안을 할 수 있다.

6 **다시 한번 체크한다** 일이 끝나면 다시 한번 체크하면서 아이가 얼마나 잘해냈는지 얘기해준다. 이것은 아이로 하여금 성공했다는 느낌을 갖게 한다.

7 **축하! 축하!!** 아이는 스스로 뭔가를 해냈다는 느낌을 받으면 다시 한번 시도해보고 싶은 의욕을 갖게 될 것이다. 이때 조심해야 할 것이 있다. 아이가 만족스럽게 해내지 못했다거나, 앞으로 해야 할 일이 더 많다거나, 주어진 시간 안에 지금보다 두 배는 더 해야 한다거나 하는 등 부모로서 지적하고 싶은 욕구를 참아야 한다. 모든

것을 접어두고 일단은 아이가 뭔가를 스스로 해냈다는 사실에 호들
갑스러울 정도로 기쁜 표정으로 축하를 해주자.

앞으로 계획을 세우는 데
도움이 되는 질문 몇 가지

◆ 그 일은 과연 할 만한 가치가 있는 것이었나?

◆ 가장 즐겁게 했던 일은 무엇이었나?

◆ 일을 하면서 무엇을 배웠나?

◆ 가장 기억에 남는 점이 있다면, 그것은 무엇이었나?

◆ 다음에 또 이런 일을 한다면 어떻게 하고 싶은가?

아이와 무슨 일을 하든 이 점을 명심하자.

조금씩, 차근차근 배워나간다는 것!

우리가 배우게 될 것, 그리고 아이들에게 가르치게 될 것은 대부
분 아주 상식적인 것들이다. 그럼에도 불구하고 만약 불안한 마음이
가시지 않는다면 당신이 정말로 알고 있다고 느끼는 부분으로 다시
돌아간다. 그러면 새로운 것을 시도해보고자 하는 자신감이 생길 것
이다.

새로운 무언가를 배울 때는 귀가 얇아질 수밖에 없다. 그건 자연
스러운 일이다. 하지만 이것 하나만은 기억해두자. 이보전진을 위해

서는 일보후퇴해야 한다는 사실을, 그리고 조금씩 차근차근 배워나 간다는 것을. 바로 이것이 우리가 계속해서 뭔가를 배우게 되는 방법이다.

2

아이와 함께 성공에 이르는 계단

새로운 것을 배우는 데
실패하는 아이들

　아이들이 배우는 것을 어려워하고, 또 실패하는 데에는 여러 가지 이유가 있을 수 있다. 우리는 지난 30여 년 간 수많은 아이들을 만나 왔다. 특히 집에서나 학교에서 문제가 있다고 생각되는 아이들과 많은 시간을 보냈다. 매우 총명하지만 산만한 아이들, 버릇없고 까다로운 성격의 아이들, 둔하고 게으른 아이들, 선생님의 말을 도통 못 알아듣는 아이들… 우리가 만났던 아이들을 다른 사람들은 그렇게 불렀다.

　하지만 우리의 생각은 좀 다르다. 물론 개인마다 겉으로 드러나는 양상은 서로 다르지만 그들에겐 한 가지 공통점이 있다. 즉, 자신에게 기대되거나 요구되는 것이 무엇인지 정확히 이해하지 못한다는 것이다. 이렇게 자신에 대한 기대치를 이해하지 못하는 아이들은 무엇을 생각해야 하는지, 언제 집중해야 하는지, 심지어는 어떻게 생각해야 하는지를 모르기 때문에 학교 생활에서 실패하게 된다. 한마디로 정리하자면, '학습이란 언제 집중해야 하는지를 아는 것' 이다.

그럼 우리가 경험했던 사례를 중심으로 해서 일반적으로 문제시되는 아이들의 행동과 그 이유를 살펴보도록 하자.

 ## 언제나 말이 많고 다른 사람 얘기에 귀기울이지 않는다

샐리는 재잘거리기 바빠서 다른 사람이 하는 말을 전혀 듣지 않았다. 주위 사람들은 모두 샐리를 지겨워했다. 물론 샐리만 그 사실을 눈치채지 못했다. 그러나 일단 조용히 있는 방법을 알게 되자 다른 사람들에게도 배울 수 있다는 걸 깨닫게 되었다. 샐리가 더욱 조용해지자 많은 사람들이 샐리를 가르쳐주고 싶어했다.

마크는 다른 사람들을 웃기는 것을 좋아했다. 다른 사람들을 즐겁게 해주려고 학교에 다닌다고 생각할 정도였다. 마크와 같은 경우엔 다른 사람들의 권리, 다시 말해 조용히 있을 권리 혹은 공부할 수 있는 권리가 있다는 사실을 깨달아야 한다. 우리와 상담을 끝내고 난 후 마크는 공부를 시작했고, 얼마 안 있어 그것도 재미난 일이라는 것을 알게 되었다!

59

 ## 적어도 두 번은 반복해서 듣기를 원한다

콜린은 누구든 간에 이야기를 끝내고 나면 자기한테 와서 개인적으로 한번 더 이야기해주길 바랐다. 그러는 동안에는 아무 일도 하지 않은 채 마냥 기다리고만 있었다.

만약 아이가 이런 식으로 시간을 낭비한다면 단호하게 말해줄 필요가 있다. "지금 넌 엄마의 중요한 시간을 낭비하는 거야." 그리고 바쁜 엄마의 시간을 낭비한 것이므로 아이가 엄마의 일을 도와주어야 한다고 알려준다.

 ## 하는 일 없이 빈둥거리거나, 생각 없이 뛰어든다

조디는 연필이나 다른 물건으로 장난을 쳐서 선생님은 물론이고 다른 친구들까지 방해한다. 이런 경우 아이들은 대부분 그것이 얼마나 눈에 거슬리는 짓인지 잘 깨닫지 못하고, 지적을 당하면 이유 없이 비난받았다고 느낀다. 이때는 조디로 하여금 잘못된 것은 바로 자기 자신의 행동임을 알 수 있도록 일깨워준다. 다른 아이들이 집중해서 공부할 기회를 빼앗아버렸으니까 말이다.

조세핀은 지금 자신이 처한 상황보다 앞으로 벌어질 일에 관심이 많은 아이다. 그래서 느닷없이 질문을 던지거나 다른 사람들이 말하는 도중에 불쑥불쑥 끼여들어 당황하게 만들곤 한다.

만약 주변에 이런 아이가 있다면, 먼저 아이에게 '지금 무엇을 하고 있는지' 물어본다. 그리고 그 다음엔 무엇을 할 것인지 순서대로 말하게 한다.

이렇게 하는 동안 아이는 차츰차츰 자기가 할 일에는 질서가 있다는 사실과, 현재 일어나고 있는 일이 다음에 일어날 일보다 더 중요하다는 사실도 깨닫게 된다.

 ## 무엇을 해야 할지 아무 생각이 없다

피터는 남의 말을 잘 듣는 편이긴 하지만 언제나 영문을 모르겠다는 표정으로 말하곤 한다. "제가 무얼 해야 하는지 도무지 모르겠어요." 이렇게 되면 학교 선생님이든, 피터를 도와주는 누구든 간에 모욕감을 느끼게 된다. 아이가 잘 알아들을 수 있도록 열심히 설명했는데도 어떻게 해야 할지 모르겠다고 하니 얼마나 허탈하겠는가.

피터는 먼저 어디서부터 어떻게 시작해야 할지 그 방법을 익혀야 한다. 그런 후에 다른 사람의 도움을 받아야 한다는 것을 알 필요가 있다.

다른 사람에게 도움을 청할 때는 "시작은 할 수 있지만 잘못할까봐 걱정이 돼요. 그러니까 그때는 절 도와주실 수 있죠?"라고 말하게 가르쳐준다. 도움을 받는데도 다 방법이 있는 것이다.

 **무턱대고 자기 마음대로 짐작해버린다**

다이앤은 아무거나 대답해도 선생님이 원하는 답일 거라고 지레 짐작한다. 따라서 대답하는 속도가 굉장히 빠르다. 어찌 보면 아무 생각 없이 말해버린다고 느낄 정도로 말이다.

이런 문제를 해결하는 최상의 방법은 대답하기 전에 생각할 시간을 주는 것이다. "자, 먼저 1분 동안 잘 생각해보자." 생각의 브레이크를 밟도록 도와줄 필요가 있다는 얘기다.

 **어이없는 실수를 연발한다**

누구나 실수를 하는 법이다. 그러나 실수하는 것이 너무 당연시되면 '나는 늘 실수를 하는 아이야' 라는 생각을 갖게 되어 자신감 부족으로 이어지므로 주의해야 한다. 이때는 아이로 하여금 네가 할 수 있는 일은 얼마든지 많다는 것을 일깨워줄 필요가 있다. 그렇다면 도대체 어떻게 해주어야 하는 걸까?

그 한 가지 방법은 이렇다. 일단 두껍고 어려워 보이는 책을 한 권 고른다. 그런 다음 책 한 페이지 안에 아이가 읽을 수 있는 글자들이 얼마나 많은지 경험하게 해준다.

글자를 읽는 일 외에도 아이가 할 수 있는 일은 굉장히 많을 것이다. 단지 아이가 그걸 의식하지 못할 뿐. 아이가 실수를 저지르지 않고도 할 수 있는 여러 가지 일들을 찾아보자.

 ## 한눈을 팔거나 멍하니 앉아 있다

　엄마의 말에 따르면 아만다는 너무 자주 공상에 빠지고, 그래서 수업에 집중하지 못하고 멍하니 앉아 있다고 했다. 하지만 아만다의 얘기는 달랐다. 자신이 왜 거기에 있는지 알 수가 없다는 것이다. 또 자신이 배우는 것들이 자기와는 별 상관이 없다고 느껴진다고 했다.

　이런 경우엔 그냥 바라보기만 해도 얼마나 많은 정보를 얻을 수 있는지 서서히 깨달을 수 있도록 관찰하는 훈련을 시킨다.

 ## 누가 옆에 있을 때만 공부한다

　우선 아이와 함께 앉아서 1분 동안 공부할 수 있을 만큼만 해보라고 한다. 그렇게 처음 1분 동안 아이 옆에 앉아 있다가 조금씩 멀어진다. 그러나 아이를 잘 지켜보면서, 만일 아이가 공부하는 것을 멈추면 그 이유를 설명해보게 하고 다시 공부를 시작할 때까지 옆에 앉아 있는다. 아이가 스스로 공부할 수 있을 때까지 이런 식으로 계속 반복한다.

 **공부하는 척한다**

켈리는 속으론 딴짓을 하면서도 공부하는 척하는 데는 도사다. 켈리는 겉보기엔 공부를 아주 잘할 것처럼 생겼고 준비물도 잘 챙기는 것 같다. 그래서 이런 아이들의 경우엔 더 주의를 기울여야 한다. 문제점을 찾아냈을 때는 이미 너무 늦어버리는 수가 있기 때문이다.

이렇게 겉으로만 공부하는 척하는 아이들은 아무것도 하지 않았을 때 누구보다 자기 자신이 제일 많이 고통스러워진다는 것을 알려주어야 한다.

 **걸핏하면 싸움을 걸고 분란을 일으킨다**

루크는 다른 사람들에게 알려야 한다고 생각되는 일이면 무엇이든 미주알고주알 아무에게나 늘어놓는다! 이렇게 하는 것이 다른 사람에게 얼마나 고통스러운 일인지 모르는 것이다. 따라서 자신의 행동이 남들에게 어떤 영향을 주는지 생각해보도록 한다. 아울러 꼭 얘기해야 할 정도로 중요한 일은 무엇이며, 반대로 그렇지 않은 일은 무엇인지 그 차이점을 이해하도록 이끌어준다.

이리저리 눈을 돌리고 자기 식대로 말을 지어낸다

패트릭은 선생님 말씀을 귀기울여 열심히 듣지만 이리저리 눈을 돌리는 바람에 집중하지 못하는 아이로 생각되었다. 패트릭 같은 아이들에겐 눈맞춤을 한다는 것이 무엇을 의미하는지 얘기해줄 필요가 있다. 말하는 상대방을 쳐다보아야 귀기울이는 것이고 책을 들여다보아야 공부하는 것이라고 생각한다는 사실을 알려줄 필요가 있다는 소리다.

린다는 거짓말을 하는 것처럼 보이지만, 사실 알고 보면 자기 생각대로 말을 만들어서 하는 것이다. 린다는 현실 세계가 자신이 말하는 대로 이루어지길 바란다. 어느 누구도 진짜로 속일 마음은 추호도 없다. 단지 이 세상이 다른 것이었으면 하고 상상할 뿐이다.

이런 아이들은 자신이 만들어낸 이야기를 한 다음엔 그것이 단지 '희망 사항'일 뿐이지 사실은 아니라는 것을 반드시 말하게 한다.

정리정돈을 못하고, 쉽게 눈에 띄는 차림을 즐긴다

무엇이든 깔끔하게 정리하려고 노력하는 것은 아이가 훌륭한 가르침을 받을 수 있는 지름길이기도 하다. 지저분한 공책은 도통 공부에는 관심이 없는 아이처럼 보이게 한다.

용모도 마찬가지다. 특이한 머리 모양을 했거나 옷차림을 하고 있다면 쉽게 눈에 띌 것이다. 이럴 경우 무슨 일을 해도 남들보다 더 빨리 지적받을 수 있다는 것을 아이는 알아야 한다. 물론 특이한 차림새를 좋아할 수는 있지만 그것이 무얼 의미하는지 알고 있어야 한다는 뜻이다.

 ## 책을 대충 읽고 글자를 휘갈겨 쓴다

샌디는 책 읽는 방법은 터득했지만 계속해서 대충대충 읽어버리고 만다. 왜 그럴까? 샌디는 책을 정확히 읽음으로써 정보를 얻을 수 있다는 사실을 모르거나, 아니면 의미를 이해하면서 책을 읽어나가는 방법을 모를 수 있다.

때때로 아이들은 아무 생각 없이 글자를 휘갈겨 쓰는 바람에 도대체 무엇을 쓴 것인지, 맞춤법이 바른지 틀린지도 알기 어려울 때가 있다. 글자란 모름지기 자기만 잘 알아볼 수 있으면 된다고 생각하기 때문이다. 하지만 글자를 통해 자신의 생각을 다른 사람에게 전달할 수 있다는 것을 일깨워준다. 또한 교사도 인간이므로 잘 정리되고 읽기 쉬운 공책을 볼 때 기분이 좋아진다는 사실을 말해준다.

 ## 하품을 자주 한다

　엠마는 너무 지겨워서, 또 너무 피곤해서, 아니면 수업이 빨리 끝났으면 하면서 하품을 한다. 만약 당신의 아이가 여기에 속한다면 부모가 얼마나 피곤할지 잘 알고 있을 것이다.

　하품하는 습관을 고치도록 도와주려면 아이가 할 수 있는 사소한 일을 찾아서 시켜본다. 일단 자신감을 가지면 아이는 흥미를 느끼면서 계속해서 해나갈 것이다. 아이 스스로 조금씩 뭔가를 할 수 있는 기회를 주어야 하기 때문이다.

 ## 게으르면서도 남의 시선을 아랑곳하지 않는다

　메리는 공부를 하지 않으려고 온갖 요령을 다 피운다. 아침에는 지각을 하고, 학교 수업이 채 끝나기도 전에 책가방부터 챙기고, 책을 펼치는 데 한 세월이 걸린다. 이렇게 메리는 온갖 게으름을 다 부리면서 하루를 보내고 남들이 어떤 시선으로 자기를 보든 개의치 않는다. 이런 경우엔 아이가 공부한 것을 듬뿍 칭찬해준다. 공부만 하면 기분 좋게 칭찬받을 수 있다는 사실을 깨닫게 해주는 것이다.

　이 밖에도 아이들을 실패로 이끄는 원인은 아주 다양하다. 정신적,

신체적으로 스트레스를 받았을 수도 있고 치명적인 질병이나 알레르기 때문에 고통받고 있을 수도 있다. 따라서 아이에 따라 어떤 원인을 갖고 있는지부터 살펴보아야 한다.

아마도 대부분의 부모들은 아이에게 문제가 있다고 생각되면 전문가의 조언을 구하고 싶어할 것이다. 하지만 반드시 유념해야 할 것이 있다. 전문가들은 너무도 쉽게 여러분의 자녀를 하나의 틀에 맞춰 넣을 수도 있다는 사실을 말이다. 아이를 가장 잘 알고 있으며, 또한 가장 잘 알아야 할 사람은 바로 부모 자신이다.

무엇보다 중요한 사실은
아이들이란 다른 사람들이
그러리라고 생각하는 바대로
규정된 존재가 아니라는 것이다
아이들은 자신만의 고유한 특성을 지니고 있다

우선 당신이 잘 알고 신뢰하는 사람이나, 혹은 잘 모르더라도 귀기울여 들어줄 만한 사람에게 이야기해보라. 당신은 아이를 너무나 사랑하기 때문에 아이로 인해 쉽게 상처받을 수 있다. 그러나 아이를 돌봐야 할 사람은 바로 당신이라는 사실을 잊지 말자.

아이를 어떻게 도와주어야 할지 잘 모를 때는 노트를 할 것! 상황이 힘들어지면 동시에 생각이 흐려질 수 있다. 그러므로 자신의 생각을 명료화할 수 있도록 차분히 마음을 가라앉히고 목록을 만들어보는 것이 좋다.

목록의 항목은 두 개로 만든다. 첫 번째 항목에는 좋은 일들, 그러니까 아이가 잘 해낸 일들, 아이의 재능과 장점 등을 써넣는다. 두 번째 항목에는 아이가 실수했던 일들, 걱정스러운 점과 단점 등과 같이 부정적인 내용을 모조리 적는다. 기억해두어야 할 것은 여기에 쓴 내용들은 순전히 아이와 관련된 것이지 부모와 관련된 것은 아니라는 점이다. 중요한 것은 아이 혼자서 문제를 해결할 수 없을 때 아이가 하는 얘기에 정성껏 귀기울이고 문제를 해결하기 위해 함께 노력한다는 사실이다.

아이들은 심한 불안감 때문에 제대로 학습하지 못할 수도 있으며, 그 어떤 것도 배우지 못하겠다는 무기력한 모습을 보일 수도 있다. 심지어는 아무도 아이를 가르칠 수 없을 때도 있을 것이다.

만약 여러분의 아이가 이런 경우라면 '나는 너를 너무나 사랑하기 때문에 널 도와주고 싶어' 라는 것을 분명하게 보여주어야 한다. 어떤 부모든 아이들에게 사람을 대하는 법과 분별력 있게 질문하는 법, 그리고 또래 아이들에게 말을 걸고 친구가 되는 법을 가르쳐줄 수 있다. 더 나아가 부모는 아이들에게 자신감을 가르칠 수 있다.

아이들은 왜 자신감을 잃는가?

  열네 살인 조는 더 이상 학교에 가지 않겠다고 고집을 부렸다. 조는 학교에 다니는 게 시간 낭비일 뿐이라며 수학 시간에 갑자기 교실을 나가버렸다.

  조와 만나 공부에 대해 이야기를 나누는 동안 우리는 그가 자신을 멍청하다고 생각하는 걸 알 수 있었다. 조의 성적은 꼴찌 그룹에 속했다. 조는 물론이고 꼴찌 그룹에 속한 아이들은 전부 수업에 진저리를 치고 있었다. 그렇다고 조가 공부에 대한 욕심을 버린 것은 아니었다. 그도 공부를 잘하고 싶었던 것이다. 하지만 전혀 돌파구를 찾지 못했다. 조는 학습 진도를 따라가지 못했다. 특히 수학에는 영 자신이 없어했다. 결국 우둔하고 집중을 못하는 아이로 여겨졌다.

  조가 우리 연구실을 방문한 첫날, 우리와 함께 몇 가지 수학 문제를 풀었다. 그러는 사이 조는 10분도 채 되지 않아 수학의 기본적인 원리를 터득하게 되었다. 이를 통해 조가 결코 우둔하거나 멍청하지 않다는 사실을 우리는 물론이고 조 스스로도 분명히 깨달을 수 있었다.

다음날 저녁, 조는 2시간짜리 학습 프로그램에 참여했고 계속 집중하여 훨씬 더 어려운 수학 문제를 풀어냈다.

자신을 멍청하다고 생각했던 조는
◆ 자신감이 없는 전형적인 경우였다.
◆ 학급에서 가장 키가 큰 아이였다.
◆ 처음 학교에 입학했을 때 선생님들은 조가 가장 크니까 큰형처럼 의젓하게 행동하길 기대했다. 하지만 조는 다른 아이들과 똑같이 어리고 미숙했다.
◆ 느릿하고 머뭇거리기는 하지만 사려 깊게 말할 줄 아는 아이였다. 그러나 수업 시간은 그리 길지 않기 때문에 사려 깊은 면보다 느리고 머뭇거리는 행동이 더 눈에 띌 수밖에 없었다.
◆ 조가 수월하게 학습할 수 있도록 도와주려는 어른들이 별로 없었다.
◆ 스스로 멍청하다고 믿었다.
◆ 선생님들은 조를 구제불능이라고 생각했다.
◆ 다른 사람들이 자신을 대하는 태도에 화가 났기 때문에 조는 점점 더 아무렇게나 행동했다.

조의 가장 큰 문제점은 스스로 자신이 멍청하다고 느낀다는 데 있었다. 따라서 그것부터 깨뜨려주어야 했다. 특히 수학을 못한다고 생각했으므로 우리는 조에게 몇 가지 수학 문제를 내주었다. 역시 조는 우리가 생각했던 대로 수학을 금방 배울 수 있다는 것을 보여주었다. 그는 정말로 할 수 없기 때문에 못했던 것이 아니라 어떻게 하는지를 배우지 못했기 때문에 할 수 없었던 것이다. 수학뿐만 아니라 다른 모든 과목도 기본 원리를 터득하는 것이 제일 중요하다. 기본을 익히게 되면 아이들은 자신감을 가질 수 있고, 어려운 문제가 던져져도 도전해보겠다는 의지가 생긴다.

우리는 또한 조에게 질문하는 요령도 가르쳐주었다. 누군가에게 질문을 한다는 것은 그에게 도움을 잘 받을 수 있다는 걸 의미하기도 한다. 이렇게 질문을 통해 한번 도움을 받게 되면 그것 자체가 아이들에겐 자신감을 심어주는 계기가 된다. 함께 어울려 사는 방법을 배우는 것이기 때문이다.

잘못된 자신감이 더 위험하다

자신감이 없어서 문제가 되는 아이들이 있는가 하면, 아주 자신감에 차 있지만 그 자신감이 잘못된 것이기 때문에 문제가 되는 아이들도 있다.

우리와 처음 만났을 때 마크는 여섯 살이었다. 마크의 문제점은 학교에서 자주 문제를 일으키고 수학 성적이 형편없다는 것이었다. 담임 선생님과는 잘 지내는 편이었다. 하지만 선생님도 마크가 제대로 배울 수 있을지 없을지 혼란스럽다고 했다. 마크의 부모는 아이가 혹시 글자를 읽지 못하는 난독증이거나 지나치게 산만한 성격이 아닌가 걱정했다.

담임 선생님과 부모의 걱정을 비웃기라도 하듯, 우리가 마크에게 첫번째 학습 과제를 주었을 때 마크는 훌륭한 집중력을 보여주었다. 또한 생각하는 것을 즐긴다는 사실도 분명하게 드러났다. 그런데 그 다음이 문제였다. 우리가 내준 또 다른 과제를 해내지 못하자 아이는 갑자기 안절부절못하기 시작했고, 자기한테 주어진 과제를 흘끔거리기만 할 뿐 꼼짝도 하지 않았다.

마크의 문제점은 다음과 같다.
- 스스로 알아야 할 필요가 있다고 생각하는 것은 모조리 기억하고 있었다. 마크의 자신감은 거기서부터 비롯되었다.
- 늘 자신감에 넘쳤지만, 만약 자신이 기대한 대로 결과가 나오지 않으면 굉장히 혼란스러워했다.
- 문제의 시작과 끝은 파악했지만, 그 중간 과정을 번번이 놓쳐버렸다.
- 제대로 해내지 못하면 끝없이 안절부절못했고, 그렇기 때문에 가르치기 힘든 아이였다.
- 자기 자신에게 비현실적인 요구를 하기 때문에 불안에 빠지곤 했다.
- 실패했을 경우, 그 문제를 해결하는 것은 자신의 책임이라고 느꼈다.
- 선생님이 도와줄 수 있다는 사실을 깨닫지 못했다.

이것이 마크가 학교에서 문제를 일으키고 제대로 배우지 못하는 원인이었다. 마크는 자신의 학습에 대해 너무 완벽하게 책임을 지려고 했고, 또한 실패를 하면 금방 혼란스러워졌던 것이다. 제대로 해낸 일이 없으면 완전히 바보처럼 굴었다.

마크는 스스로 알아야 할 필요가 있다고 생각하는 것은 무엇이든 기억하는 아이였으므로 우리는 곧장 결론으로 들어가기보다 문제의 전 과정에 마크가 참여할 수 있도록 이끌었다. 무엇을 볼 수 있는지, 무엇을 해야 하는지, 또 무엇을 해나갈 것인지 말해보라고 다독였다. 그러자 아이가 깨닫지 못하고 있던 문제점의 윤곽이 서서히 보이기 시작했다.

우리는 마크 스스로 느끼고 있는 지나친 책임감을 벗어던지고, 선생님과 주위 사람들에게 최대한 도움을 받을 수 있는 방법을 알려주었다. 그러자 일주일도 되지 않아 효과가 나타났다. 물론 그렇게 되는 데에는 마크뿐만 아니라 부모님과 주위 사람들의 도움이 컸다.

우리 아이의 자신감은 올바른 것인가?

◆ 하고 있는 일에 대한 정확한 이해

무엇을 해야 할지, 어떻게 해야 좋을지를 알고 있는 아이들은 언제나 자신감이 있다. 그리고 이러한 자신감은 아주 정당한 것이다.

◆ 이전에 비슷한 일을 해본 적이 있는데 그것이 잘되었다는 믿음

아이가 믿고 있는 것처럼 일이 잘되었을 수도 있지만, 사실은 그렇지 않을 수도 있다. 왜냐하면 아이들은 새로운 상황과 이전의 상황 사이에 존재하는 미묘한 차이점을 깨닫지 못할 수도 있기 때문이다.

◆ 형제나 자매가 자기 편을 들어줄 거라는 믿음

아이가 자신의 행동에 스스로 책임을 져야 하며, 형제자매는 단지 위기에 처했을 때만 도움을 주어야 한다는 것을 깨닫지 못하고 있다면 문제가 될 수 있다.

◆ 위험을 모르기 때문에 할 수 있다는 생각

이런 경우엔 때때로 '난 못해' 보다는 '한번 해보지 뭐' 하는 아이로 만든다. 어떤 생각을 갖든 위험하긴 마찬가지지만 부모들 중에는 좀더 독립적인 아이가 되도록 하기 위해선 이런 위험쯤은 감수할 만하다고 여기기도 한다.

◆ 자기가 좋아하는 우상이 하는 일이니까 나도 할 수 있다는 생각

이럴 땐 아이가 훌륭한 우상을 선택해주길 바랄 수밖에! 하지만 우상도 사람이고, 아이가 하기 싫어하거나 따라해서는 안 될 일을 할 수 있는 사람이라는 사실을 분명하게 알려주어야 한다. 아울러 우상을 맹목적으로 따라하지 않는 것 또한 아이의 책임이라는 것을 가르쳐준다.

◆ 아무도 그렇게 하지 말라고 제지한 적이 없기 때문에 할 수 있다는 생각

이런 생각을 하는 아이들은 앞으로 어떤 일이 일어날지 알지 못한다. 이것이 좋을 수도 있지만, 일이 잘못되었을 경우엔 꼭 부모의 도움을 필요로 한다.

◆ 다른 사람이 무엇을 기대하는지 알고 있다는 생각

아이들은 독립적으로 행동하려 하지만 무엇이 필요한지 정리하는 법을 정말로 이해하지 못하고 있을 수 있다.

◆ 자기가 하는 일이 누군가에게 도움이 될 거라는 생각

부모가 너무 바쁘게 생활하기 때문에 이전에는 한 번도 해본 적이 없지만 스스로 차를 끓이거나 식사 준비를 해보겠다고 결심하는 아이들이 여기에 해당한다.

◆ 다른 사람을 대신해서 일하겠다는 생각

이런 아이들은 다른 사람의 문제를 해결할 때에는 용맹스런 사자가 되지만, 정작 자기 문제에 대해선 나약한 쥐가 된다!

당신의 자녀가 마크와 비슷하다는 생각이 든다면 우선 아이의 자신감이 어디서 비롯되는 것인지부터 점검해보자. 자신감의 범위는 매우 넓다. 어떤 상황에 대한 실제적인 이해일 수도 있고, 아니면 단순히 할 수 있다는 생각일 수도 있다. 그러나 명심해야 할 것은, 아이가 어떤 상황에 대해 자신감을 갖는다고 해서 모든 상황에서 다 자신감을 가질 거라고 단정지어서는 안 된다. 아이가 실제로는 제대로 해내지 못하면서도 무척 자신 있어하는 것 같다면 그 자신감이 혹시 잘못된 것은 아닌지 잘 살펴보아야 한다.

　잘못된 자신감은 왜 자신이 실패했는지를 정확히 이해하지 못하게 하므로 자칫하면 아이를 무기력하게 만들 수도 있다. 더 나아가 학습장애를 일으켜 문제를 해결하는 데 오랜 시간이 걸릴 수도 있다.

　하지만 잘못된 자신감이라고 해서 모두 나쁜 것은 아니다. 어찌 됐든 자신감이란 뭔가에 새롭게 도전해볼 수 있는 용기를 주기 때문이다. 단, 왜 그것이 잘못됐는지 그리고 왜 실패했는지를 자세히 관찰하여 진정한 자신감을 얻도록 해야 한다. 만약 그렇게만 할 수 있다면 좀더 심화된 학습으로 나아가는 디딤판이 될 수 있다.

　그렇게 방향을 바꿔주기 위해선 무엇보다 대화가 필요하다. 아이와 대화를 하기만 해도 잘못된 자신감을 진정한 자신감으로 변화시킬 수 있다.

　이때 자녀와의 대화란 부모가 "너 알아듣겠니?" 하면 아이가 "네!" 하는 식의 일방적인 대화여서는 안 된다는 것을 명심하자! 대화는 아이가 뭔가를 이해하기 위해서, 또는 좀더 자세히 알기 위해서 부모한테 도움을 청할 때 이루어지는 것이다. 그것을 통해 다음번에는 아이가 혼자서 더 잘해 나갈 수 있게 된다.

목적의식이 분명할 때
잘 배울 수 있다

일곱 살배기 켄은 글자를 읽을 줄 몰랐다. 그래서 매일 밤마다 아빠가 켄에게 책을 읽어주었다. 켄의 아빠는 재미있게 글자를 익힐 수 있도록 농담과 이야기를 곁들여가며 노력했다. 하지만 몇 가지 이유로 켄은 글자를 읽을 수 없었다. 나름대로 애를 쓰고 있긴 하지만 여전히 제대로 읽지 못했고, 그 때문에 아빠가 언짢아한다고 짐작되었으므로 무척 혼란스러웠다.

사실 아빠는 켄이 알파벳을 알았으면 했다. 그래야 켄이 제대로 읽을 수 있을 거라 생각했다. 그러나 켄은 알파벳을 배워야 한다는 사실을 잘 깨닫지 못하고 있었다. 그저 아빠와 재미있게 놀면 된다고만 생각했다. 결국 아빠는 자기 아들이 게으르고 둔하다고 생각했다.

켄과 아빠 사이의 갈등은 서로 무엇을 원하는지 몰랐던 데에서 비롯된 것이다. 즉 아빠는 두 사람이 함께하는 일의 진짜 목적이 책읽기를 배우는 것이라고 생각했고, 켄은 그렇지 않았다. 그런데 아빠는 켄의 마음을 정확히 알지 못했다.

마침내 켄은 자신이 해야 할 일이 무엇인지를 알게 되면서 배우기 시작했다. 아빠도 아들과 함께 다음과 같은 사항을 분명히 하게 됨에 따라 효과적으로 켄을 도와줄 수 있게 되었다.

◆ 무엇을 가르칠 것인가?
◆ 어떻게 가르칠 것인가?
◆ 언제 얼마나 놀게 할 것인가?
◆ 공부는 언제 시작할 것인가?

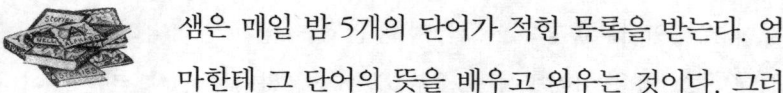 샘은 매일 밤 5개의 단어가 적힌 목록을 받는다. 엄마한테 그 단어의 뜻을 배우고 외우는 것이다. 그러나 매번 새로운 단어를 외울 때마다 지난번에 외운 단어는 까먹어버리는 것 같다. 샘은 한 번에 다섯 개의 단어만 외울 수 있고, 그것도 배운 순서대로만 암기할 수 있다. 샘은 글자의 모양과 순서를 기억하고 있다. 하지만 그 글자들을 어떻게 발음해야 할지 잘 깨닫지 못한다. 샘은 단어를 배우지만 그 단어를 어떻게 사용해야 할지를 잘 모르는 것이다.

잘못된 방법에 따라 잘못된 목적으로 무언가를 배운다는 것은 잘못된 것을 고치고 제대로 된 방식으로 다시 배우게 되는 데 많은 시간이 걸린다는 걸 뜻한다. 샘과 같은 경우는 처음에 잘못된 방식으로

배웠기 때문에 올바른 학습 요령을 익히는 데 훨씬 많은 시간을 들여야 한다. 그럼에도 부모와 교사는 당황하여 아이를 저능아나 학습장애아라고 생각할 수도 있다.

 토마스는 토론하길 좋아한다. 토마스네 반에서 토론하는 광경을 구경해본 사람이라면 토마스가 아이디어도 많고 질문과 대답을 잘하는, 매우 영리한 아이라는 것을 금방알 수 있을 정도이다. 그런데 토론이 모두 끝나고 정리하는 모습을보게 되면 생각이 좀 달라진다. 왜냐하면 무슨 이유인지는 몰라도 토마스는 그때부터 거의 아무것도 하지 않기 때문이다.

토마스는 재능은 있지만 응용력은 없는 아이다. 이는 토마스가 무엇을 해야 할지는 알지만 그것을 스스로 해나가는 데 필요한 전략은없다는 뜻이다. 토마스는 도움이 중단되는 순간 멈춰버리고 만다. 그러니까 그 일을 이어받아 스스로 계속해야 한다는 걸 모르는 것이다.따라서 토마스는 다른 사람들한테 자신의 진정한 역량을 인정받는기회를 놓쳐버리게 된다. 이런 경우, 학습의 단계를 이해하지 못하고있는 것이므로 언제 학습이 시작되며 그것이 어떻게 전개되고 어떻게 결말을 맺는지 친절하게 알려줄 필요가 있다.

토마스처럼 무엇이든 아주 빨리 배우는 아이들이 있는가 하면, 한없이 시간이 걸리는 아이들도 있다. 하지만 대부분의 아이들은 배우는 데 시간이 필요하다. 또 뭔가를 금방 이해하는 아이들은 배운 것을 제대로 이용하지 못할 위험에 처하는 수가 많다.

 캐런은 깡충깡충 뛰는 것을 배우고 있었고, 그 옆에
서 할머니는 "잘한다, 잘한다!" 하면서 맞장구를 쳐
주고 있었다. 할머니는 깡충깡충 뛰는 법을 배우는 데 필요한 요령들
을 많이 알고 있었다. 하지만 이모 눈에는 캐런의 모습이 영 어설퍼
보였다. 깡충깡충 뛴다고 열심히 몸을 놀렸지만 발바닥은 그대로 있
고 어깨만 들썩이는 것처럼 보였던 것이다.

하지만 캐런은 시간이 갈수록 새로운 동작들을 많이 익혀나갔다.
할머니는 캐런의 행동 하나하나를 살펴보면서 "이렇게 해야지" 하며
자세히 알려주고 한껏 칭찬해주었다. 일테면 캐런은 할머니의 훌륭
한 견습생이었던 셈이다. 할머니는 캐런을 격려해주었고 수없이 도
움을 주었으며 새로운 것을 배울 때마다 많은 시간이 걸림에도 불구
하고 끈기 있게 기다렸다.

할머니와 캐런이 했던 방식은 똑똑하게 말하는 법을 배우는 데에
도 그대로 적용되어야 한다. 끊임없는 반복과 격려, 그리고 조용한
기다림은 우리 아이들이 뭔가를 배울 때 꼭 필요로 하는 것이다.

훌륭한 모델은 모든 학습의 기초

무엇을 배우든 간에 훌륭한 모델은 아주 중요한 요소가 된다. 아기들은 유모차에 눕거나 앉아서 어른들의 입 모양을 지켜보면서 자기도 똑같이 만들려고 연습을 하곤 한다. 하지만 어떤 아기들은 다음과 같은 이유들 때문에 어떻게 입을 움직이는지 배우지 못하기도 한다.

◆ 유모차에 너무 깊숙이 누워 있는 바람에 어른들의 얼굴을 볼 수가 없다.
◆ 어른들이나 다른 아이들과 함께 식탁에 둘러앉아 식사를 하기보다 혼자서 밥을 먹는다.
◆ 어른이 잠자리에서 동화책을 읽어주는 대신 카세트에서 나오는 소리를 듣는다.
◆ 텔레비전이나 비디오에 인형이 나와서 말하는 것은 사람이 직접 말하는 입 모양과 아무런 관련이 없다.
◆ 정확한 발음을 가르치려고 애쓰는 것은 어리석은 일이다.

소리를 따라하거나 어떻게 소리나는지 본 후에 연습을 할 수 있는 아이들은 발음하는 법을 배울 필요가 없다는 것을 잊지 말자. 그리고 또 하나, 배우는 데는 시간이 걸린다는 사실도 명심하자.

84

부모와 자녀가 함께
성공의 계단 오르기

우리는 앞에서 아이들이 왜 실수를 하는지, 왜 실패자가 된 것 같은 느낌을 갖는지에 대해 살펴본 바 있다. 사람들은 누구나 모든 일에서 성공할 수는 없다. 또한 그럴 필요도 없다. 오히려 우리는 실수를 통해 좀더 많은 것을 배울 수 있다. 실수란 아이와 부모 모두가 다른 방식으로 더 좋은 것을 배울 수 있는 기회임을 기억하자! 그리고 부모와 아이는 항상 손을 맞잡고 함께 배워나간다는 사실을 잊지 말자!

이렇게 부모와 자녀가 서로를 격려하고 이끌어주면서 최상의 목표점에 도달하기 위해선 무엇보다 가정의 학습 환경이 중요하다.

 ## 학습 환경이 훌륭한 가정이란

집 안이 잘 정돈되어 있든 어질러져 있든 연필과 종이가 늘 가까이 있어야 한다

집이 크든 작든 반드시 공부할 장소가 있어야 한다.

식구가 많든 적든 때로는 조용히 있을 수 있는 공간이 필요하다.

긴장을 풀 수 있어야 한다

가정은 그곳에 사는 사람들 모두에게 안락한 쉼터 역할을 한다. 분주하고 고된 세상으로부터 가족들을 지켜주기 때문이다. 가정이란 에너지를 되찾고 재충전하는 곳이다. 가족 모두가 무엇이 필요한지 이해하고, 서로에게 도움이 되도록 타협하고 협상하는 방법을 익힌다면 긴장하지 않고 편안하게 배울 수 있을 것이다.

가족 구성원으로서 책임질 줄 알아야 한다

가족의 한 사람으로서 자신이 다른 식구들에게 도움이 될 수 있다고 생각하는 아이들은 공동체의 구성원이 된다는 게 어떤 것인지 배우게 될 것이다. 이런 아이들은 어떻게 결정을 내리는가를 연습하게 된다. 그리고 무엇이든 다 잘되지는 않는다는 것과 그대로 내버려둬야 하는 일도 있으며, 때로는 우선순위를 바꾸기도 해야 한다는 사실을 깨달을 것이다. 아울러 바쁘고 힘든 나날도 있고 평온한 날들도 있다는 것을 알게 될 것이다.

왜 성공의 계단에 오르고자 하는가?

도대체 성공이란 무엇인가? 왜 당신은 아이들과 함께 성공의 계단에 올라가려고 하는가? 너무나 당연하지만, 그래서 모두들 간과해버리기 쉬운 질문을 당신 스스로에게 한번 던져보자.

그리고 만약 성공이란…

◆ 인생을 즐길 줄 알고
◆ 눈에 보이는 모든 사물과 만나는 모든 사람들에게 매혹되며
◆ 인생이란 도전해볼 만한 모험이며
◆ 다른 사람을 존중하고
◆ 남의 말에 귀기울일 줄 알고
◆ 배우는 방법을 알고
◆ 자신의 신념을 당당하게 표현하고
◆ 다른 사람을 흔쾌히 도와주고
◆ 문제를 제기하고 해결책을 모색하며
◆ 함부로 억측하지 않고 항상 열린 마음을 지니며
◆ 언제나 자신이 옳을 거라고 기대하지 않고
◆ 스스로 결정을 내릴 수 있는 것

만약 이런 생각에 동의한다면, 이제 시작해도 좋다!

87

인생에 대처하는 지혜

선택할 줄 안다

인생이 아이가 원하는 방향으로 흘러가든 그렇지 않든 간에 인생
에는 선택해야 할 것이 있으며, 선택을 할 때마다 그에 따른 결과가
있으리라는 것을 알아야 한다.

조슈아가 숙제도 하지 않은 채 축구를 하러 나가기로 했다면
축구하는 동안에는 신나겠지만 그 다음날 조슈아는
숙제를 낼 수 없어 선생님께 야단을 맞게 될 것이다.

만약 동생이 방 청소하는 것을 도와준다면
가족들 모두 기분이 좋아질 것이다.

상황에 잘 대처하도록 아이들을 이끌어주는 것은 결코 어른들이 아이들 대신 일을 해주거나 선물을 주는 것이 아니다. 아이들 스스로 선택하고 해결해나가도록 방법을 가르쳐주는 것이다. 상황에 대처하는 요령은 스스로를 위해 일 처리하는 법을 배우고, 그것을 바탕으로 스스로 일을 해냄으로써 이익을 얻게 되는 것이다. 따라서 모든 아이들은 상황에 대처하는 지혜를 익혀야 한다.

결정할 수 있다

아무 일도 하지 않고 가만히 있더라도 그것이 자신에게 영향을 미친다는 사실을 깨닫게 되면 아이들은 보다 나은 결정을 내릴 수 있다.

에밀리가 공부 시간에 열심히 공부하기 시작하면
선생님은 에밀리가 적극적으로 참여하는 아이라고 생각한다.
또한 에밀리 자신도 공부를 하고 있음을 깨닫게 되며
친구들도 에밀리를 공부하고 싶어하는 아이라고 여긴다.

친구들과 토론할 시간인데도 에밀리가 조용히 앉아서
자기 공부에만 몰두해 있으면 선생님은 에밀리가
무척 까다로운 아이라고 느끼게 된다.
결국 에밀리는 자연스럽게 소외되고 친구들 역시
함께 어울리기 힘든 아이라고 생각해버린다.

성공적인 학교 생활이란 구성원들 각자가 서로 협력하는 공동체의 일원이며, 학급 친구들 모두 잘 배울 수 있도록 합리적인 결정을 내려야 한다는 걸 인식할 때 이루어진다.

성공적인 가정 생활이란 구성원들 각자가 서로 협력하는 공동체의 일원이며, 가족들에게 도움이 되는 결정을 내려야 한다는 걸 인식할 때 이루어진다.

열린 마음을 지닌다

자신감 있는 아이들은 열린 마음을 갖고 있기 때문에 전혀 예상치 못한 일에 부딪혀도 주눅들지 않고 그런 상황을 즐길 줄 안다. 또한 새로운 정보를 찾아보고, 그 정보가 어디에 적합할지 궁리해보면서 자연스럽게 새로운 지식을 쌓게 된다.

나와 다른 남을 인정할 줄 안다

자신이 다른 사람들과 다르다는 사실이 전혀 문제될 게 없으며, 더 나아가 다른 사람들을 따라할 필요가 없다는 것을 알고 있을 때 아이들은 자신감을 갖는다. 이런 아이들은 많은 사람들이 서로 다른 생각을 갖고 있다는 걸 기쁘게 생각한다.

사상가들이 그러하듯, 아이들도 자신의 생각이 다른 사람의 생각과 왜 다른지를 알아야 한다. 그리고 다른 생각을 갖고 있다고 해서 결코 고립되지 않는다는 것도 알고 있어야 한다. 사람들은 서로 생각이 같지 않더라도 아이와 잘 지내고 싶어하며 속깊은 친구가 되고자 한다는 사실을 명심하게 하자.

학습에 대처하는 지혜

한계가 장벽은 아니다

무엇을 해야 하고, 무엇을 하지 말아야 할지 한계를 규정하는 것은 결코 장벽이 될 수 없다. 오히려 한계는 어떤 규정이 필요한지를 보여주므로 상황에 대처하는 데 도움이 된다. 예를 들어, 운동장은 신나게 뛰어놀기 위한 장소이고 교실은 공부를 하는 장소라는 것을 알게 되면 아이들은 좀더 학습을 잘할 수 있다.

재능과 잠재력이 비슷한 아이들이라도 인생을 어떻게 살아나가느냐에 따라 다르게 발전한다. 이때 한계를 알고 있는 아이들은 무언가를 시작하고자 할 경우 자신이 할 수 있는 일과 할 수 없는 일이 있다는 사실을 잘 배우게 된다.

남의 말에 귀기울인다

다른 사람의 말에 귀기울여 듣는다는 것은 주의를 집중한다는 뜻이다. 또 주의를 집중한다는 것은 마음속 공간을 정리하여 다른 사람의 말을 잘 들을 수 있다는 것이다.

남의 말에 귀기울일 줄 아는 사람이 된다는 것은 무엇이든 잘 배울 수 있는 사람이 되는 가장 중요한 조건이다.

…그리고 계속해서 배운다

학습이 어떻게 이루어지는지를 알게 되면 아이들은 자유로워진다. 쉽게 배울 수 있는 것과, 배우는 데 시간이 걸리는 게 있다는 것을 알게 되면 학습에 대해 마음을 편히 가질 수 있다. 즉, 어려운 것을 배우더라도 겁을 내지 않고 오히려 어렵기 때문에 더욱 자극을 받을 수 있다는 뜻이다.

질문하기를 즐거워한다

재잘재잘 질문하는 것을 즐거워하는 아이들은 어떤 질문을 해도 괜찮다는 허락을 받았고, 또 무슨 대답이 나올지 관심이 있기 때문이다. 어떤 것에 깊은 관심을 갖고 끊임없이 해답을 찾으려고 애쓰는 아이들은 상황에 대처하는 능력이 뛰어나다. 따라서 아이가 어떤 질문을 하든 성심껏 대답해주고, 더 나아가 부모가 하는 일에 대해서도 자유롭게 질문할 수 있도록 격려해주어야 한다.

하지 않으면 얻는 것도 없다

'한번 해보자'고 생각하는 아이들은 아무 일도 안 하는 것보다 무엇인가를 하는 편이 더 낫다는 사실을 알고 있기 때문이다.

수학 시간이었다. 매튜는 더하기 문제를 풀어야 했다.
하지만 어떻게 해야 할지 잘 몰랐다.
그럼에도 매튜는 일단 한 문제를 푼 다음
선생님께 가서 제대로 풀었는지 여쭤보았다.

매튜는 선생님께 자신을 가르칠 수 있는 기회를 주었으며,
스스로에게는 배울 수 있는 기회를 준 것이다.

에릭도 수학 시간에 더하기 문제를 풀어야 했다.
하지만 어떻게 해야 할지 잘 몰랐다.
고민을 하던 에릭은 결국 날짜만 썼다.

선생님은 에릭이 왜 문제를 풀지 않았는지 알 수 없었다.
다만 열심히 공부하지 않았다는 것만은 확실했다.
따라서 선생님은 어떻게 에릭을 도와주어야 할지 몰랐다.
이로써 에릭은 선생님이 자신을 가르쳐줄 기회를 놓쳤고,
따라서 배울 수 있는 기회를 놓쳐버린 셈이다.

93

삶을 즐기는 지혜

삶을 즐길 줄 아는 아이들은 현재 처해 있는 상황을 인정하며 그 속에서 좋은 점을 찾아내려고 한다. 때문에 항상 지금보다 뭔가 더 나은 게 있을지도 모른다며 불안해하거나 불평하지 않는다.

여덟 살배기 폴은 늘 행복하지가 않다.
녀석은 언제나 다른 걸 해도 되느냐고 묻는다.
새로운 일을 시작해도 아이는 또 다른 것을 요구한다.
모든 것을 동시에 해치우려고 하면서,
자기가 정말로 하고 싶어하는 것은 아직 하고 있지 않다고
생각하기 때문에 항상 신경질적이다.

이제 폴은 자신이 무엇을 하고 싶어하는지 생각하게 되었다.
또 자신이 무엇을 갖게 될지에 대해 선택하는 방법도 배웠다.
폴은 포기함으로써 즐거움을 얻는다는 걸 깨닫기 시작한 것이다.
지금 하고 있는 일에 집중을 하고, 이미 놓쳐버린 일에 대해서
신경을 꺼버리면 스스로 즐거워질 수 있다는 것을
비로소 알게 되었던 것이다.

모든 것에 매력을 느낄 수 있다

눈에 보이는 것, 자신이 하고 있는 일, 매일 만나는 사람들에게 매혹되는 아이들은 끝없는 가능성을 갖게 된다. 이런 아이들은 어떤 상황에서도 뭔가를 배울 수 있다. 그리고 언제나 자신들의 지식의 창고에 새로운 무엇인가를 계속해서 쌓아나간다. 그것은 곧 인생에서 희열을 맛보게 이끌어준다.

하지만 부모와 자녀가 언제나 같은 것에 매혹되리라 기대해서는 안 되며, 자녀가 부모에게 항상 공감할 거라고 생각해서도 안 된다. 그렇게 되면야 두말할 나위 없이 좋겠지만 절대로 그것을 강요해서는 안 된다. 아이 스스로 인생의 즐거움을 발견하도록 내버려두는 편이 훨씬 바람직하다. 물론 아이가 도움을 필요로 할 때는 언제든 도와줄 수 있도록 아이 곁에 있어야 할 것이다.

모험심으로 가득하다

인생을 하나의 모험으로 생각하는 아이들은 수많은 경험을 축적해 두었다가 어떤 상황에서든 적절히 꺼내 쓸 수가 있다. 아이들이 갖고

있는 정보는 금방 사용될 수도 있고, 몇 년이 지난 후에 이야기 속에 나타날 수도 있다. 또는 아이가 만들어내는 수수께끼의 자료로 멋지게 변신하기도 한다. 그 모든 것이 인생을 즐길 줄 아는 아이로 키워주는 풍부한 밑거름이 된다.

사람을 잘 대하는 지혜

나와 남을 똑같이 생각할 줄 안다

사람들은 어떻게 생겼는지, 무엇을 가졌는지가 아니라 타인을 하나의 존재로 파악함으로써 자신이 누구인가를 알게 된다. 사람들은 자신이 옳을 때도 있고 틀릴 때도 있으며, 행복할 때도 있고 슬플 때도 있으며, 적극적일 때도 있고 부끄러워할 때도 있다는 것을 잘 알고 있다.

이런 사실을 배운 아이들은 다른 사람을 만날 때 겁먹거나 주눅들거나, 혹은 반대로 무시하거나 소홀히 대하지 않는다.

기쁜 마음으로 도와줄 수 있다

기꺼이 도와주고자 하는 태도는 아이가 다른 사람에게 민감하다는 것을 나타낸다. 다른 사람을 잘 도와주기 위해서는 세심하게 관찰하고, 귀기울이고, 생각하고, 질문을 해야 한다. 그 사람을 깊이 이해하면 이해할수록 사소한 도움이라도 값지게 빛을 발할 수 있다. 또한 다른 사람을 기쁜 마음으로 도와줄 수 있는 아이들은 자신이 어려움에 처했을 때도 기쁜 마음으로 도움을 받아들일 수 있다.

즐겁게 협상하는 방법을 알고 있다

협상할 줄 아는 아이들은 누군가와 갈등하거나 싸우지 않고도 자신이 원하는 바를 가질 수가 있다. 이때 중요한 것은, 협상이란 어느 한 사람의 일방적인 승리가 아니라 모두가 함께 승리할 수 있게 하는 방법임을 알아야 한다.

생각을 키워주는 지혜

당신의 자녀는 하루 종일 생각하고 있을 것이다. 부모가 좋아하는 것에 관한 생각은 아닐지 모르지만, 어쨌든 생각하고 있는 것만은 분명하다! 그렇다면 아이의 생각을 자극하여 폭넓게 사고할 수 있도록 이끌어주자.

**생각을 발전시키는 방법을 아는 아이들은
보다 성공적으로 배울 수 있다**

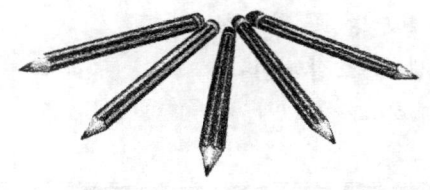

관찰을 통해 생각 키워주기

다음은 하나의 사물을 자세히 관찰함으로써 생각의 폭을 넓혀주고 자유롭게 사고할 수 있도록 이끌어주는 훈련 방법이다. 부모와 자녀가 함께, 또는 인원수 제한 없이 그룹으로 활동할 수도 있다.

1. 장난감, 옷, 장신구 등등 무엇이든 한 가지 대상을 정한다. 여기서는 '꽃병'을 관찰해보자.
2. 종이와 연필을 준비하여 부모와 아이 앞에 놓는다.
3. 1분 동안 대상을 관찰한 후, 눈에 보이는 모든 것을 종이에 적으라고 알려준다. 아이가 머뭇거린다면 색깔이나 형태, 숫자, 재료 등 무엇이든 좋으니 생각해보라고 한다.
4. 각자가 쓴 종이를 비교하여 서로 똑같이 쓴 내용이 무엇인지 살펴본다. 그런 다음 똑같이 쓴 내용을 새 종이에 옮겨 적어 부모와 자녀가 함께 볼 수 있도록 한다.
   예) 꽃 10송이, 꽃병, 물, 자주색, 흰색, 부드러운, 가냘픈, 시들어가는…
5. 그 다음에 무엇을 할 것인지 의논하여 결정한다.

이것은 수학 공부로 계속 이어갈 수 있다.

◆ 꽃잎의 수를 세어본다.
◆ 꽃병의 크기를 잴 수 있는 방법을 찾아본다.
◆ 꽃의 모양이 어떻게 생겼는지 살펴본다.
◆ 대칭이란 개념에 관해 이야기한다.

◆ 모형을 만들어본다.
◆ 더하기 문제를 만든다.
   예) 하얀색 꽃 3송이+자주색 꽃 7송이=꽃 10송이

국어 공부로 계속 이어갈 수도 있다.

◆ 비슷한 점과 다른 점을 자세히 묘사해보게 한다.
   예) 길고 가느다란 꽃잎 / 짧고 뚱뚱한 꽃병
◆ 비슷한말을 이용하여 꽃잎이나 줄기 또는 꽃병을 다양하게 묘사한다.
◆ 백과사전을 이용하여 꽃과 관련된 단어들을 찾는다.
   예) 암술, 수술, 구근, 뿌리, 줄기 등

이야기 속에서 꽃이 어떻게 등장할 수 있는지를 생각해보게 함으로써 글쓰기
공부로 계속 이어갈 수 있다.

◆ 사랑하는 사람에게 꽃을 선물한다.
◆ 정원을 지나다가 문득 꽃 한 송이가 눈에 띈다.
◆ 쇼핑 바구니 한쪽에 꽂혀 있는 꽃다발
◆ 할아버지가 사시는 시골집 한구석에서 외롭게 피어나는 꽃. 깡통에 심어놓은
   씨앗이 싹을 틔우고, 나중엔 너무나 아름다운 꽃을 피운다.

자기 주변에 가까이 있는 사물들을 자세히 관찰하고, 그것을 새롭게 받아들일
수 있는 기회가 많으면 많을수록 아이들의 생각은 더 깊어지고, 더 다양해지고,
더 넓어질 것이다.

가장 작은 것에서 가장 큰 것까지

다음은 한 가지에서 출발하여 열 가지, 백 가지로 계속해서 생각의 가지치기를 해나가는 훈련 방법이다. 이를 통해 아이들은 자신의 사고가 얼마큼 넓게 뻗어나갈 수 있는지를 경험하게 될 것이다.

1. 생각나는 단어 한 가지를 떠올린다. 그런 다음 그와 관련해서 연상되는 단어를 계속해서 말해본다. 물론 부모의 아이디어도 함께 적는다. 여기서는 '물'이라는 단어를 생각해보자.

2. 1분 동안 두 사람이 생각해낼 수 있는 단어는 아마도 20개가 넘을 것이다.

가뭄	첨벙첨벙	샤워	수도관	연못	방울
마시다	물잔	비	오염	수영	댐
물주기	강	습지	홍수	목욕	축축한
뿌리	빨래	액체	비누	웅덩이	샘물
양동이	웅덩이	파도	구름	출렁출렁	시원한

3. 이 단어들을 다른 종이에 옮겨 적는다.

4. 단어들을 서로 비슷한 것끼리 묶을 수 있다고 생각하는가?

아마도 이렇게 정리할 수 있을 것이다.
- ◆ 농업과 관련된 단어
- ◆ 날씨와 관련된 단어

♦ 의성어

♦ 물을 담을 수 있는 것

♦ 물의 형태

♦ 물을 필요로 하는 것

이때 단어 하나가 한 개 이상의 그룹에 해당될 경우엔 다른 종이에 따로 적는다.

5. 이제 각 그룹을 정해 20개의 단어를 해당 그룹 아래 적어넣는다.

물을 담는 것

욕조	싱크대	저수지	홈통	수도꼭지
분수	댐	컵	냄비	항아리
냉장고	양동이	꽃병	물탱크	병

6. 이 단어들은 좀더 세부적인 항목으로 다시 나눌 수가 있다.
   ♦ 부엌에서 사용하는 것

   ♦ 정원에서 사용하는 것

   ♦ 물을 마실 때 사용하는 것

   ♦ 욕실에서 사용하는 것

단어 하나만 가지고도 얼마나 많은 이야깃거리를 만들 수 있는지를 아이들이 알게 된다면 끝없는 상상의 세계로 빠져들 것이다. 이는 수천 가지의 생각으로부터 하나의 생각을 고를 수도 있으며, 반대로 여기서부터 또다시 수천 가지 생각으로 마음껏 이어갈 수 있을 것이다.

다양한 방식으로 설명해보기

다음은 무언가를 하는 동시에, 그것에 관해 생각하고 또 자신이 생각한 것을 설명하는 방법이다!

우선, 아이에게 단어만 가지고 사각형을 어떻게 그릴 수 있는지 말해보라고 한다. 이때 손짓을 해서는 안 된다고 일러준다.

아이들마다 사각형의 개념을 달리 갖고 있을 수 있으며, 또 설명하는 방식도 천차만별이므로 각 상황마다 차이가 많이 날 것이다. 하지만 보통은 다음과 같은 방식으로 진행된다.

먼저, 아이의 설명을 잘 듣고 그에 맞게 그림을 그려나가도록 한다.

1. 아이 : "네 개의 선을 갖고 있어요."
   엄마 : 4개의 선을 자유롭게 그린다

이때는 4개의 선을 각각 어느 방향으로 그려야 하는지, 또 선들이 서로 만나야 하는지 그렇지 않은지, 선들의 길이가 어느 정도여야 하는지 알 수 없으므로 엄마는 엉뚱한 선들을 그릴 수밖에 없다.

이렇게 되면 아이들은 자신의 설명이 매우 부족하다는 사실을 깨닫게 된다.

2. 아이 : "4개의 선이 모서리에서 서로 만나요."
   엄마 : 4개의 선이 서로 만날 수 있도록 그림을 그린다.

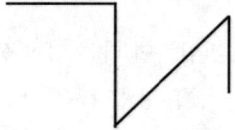

아직도 정확한 각도와 선의 길이에 대해 설명하지 않았으므로 제대로 된 사각형을 그릴 수가 없다. 또 방향에 대해서도 알 수가 없는 상쾌이다.

3. 아이 : "4개의 선은 각각 직각을 이룬 상태에서 서로 만나요."
   엄마 : 4개의 선이 직각을 이루도록 그림을 그린다.

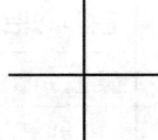

도형(사각형, 삼각형, 사다리꼴 등)이란 닫힌 형태로 그려야 한다는 것을 아이가 말하지 않는다면 계속해서 좀더 자세한 설명을 해보도록 유도한다. 아마도 부모가 정확하게 그림을 그릴 수 있도록 하려면 아이는 여러 단계를 거쳐야 할 것이다.

이 훈련은 아이와 부모 모두에게 아주 재미있고 색다른 체험이 될 것이다. 앞서는 아이가 설명하고 엄마가 그림을 그렸다면, 반대로 역할을 바꿔서 엄마가 설명하고 아이가 그림을 그려보게 한다. 이 과정을 통해 아이는 자세히, 그리고 정확하게 설명할 수 있는 다양한 방식을 자연스럽게 익히게 될 것이다.

서로 비교하여 같은 점과 다른 점 찾아보기

다음은 서로 비슷해 보이지만 자세히 관찰하면 다른 점이 상당히 많은 것과, 서로 달라 보이지만 비슷한 점이 상당히 많은 것을 더욱 잘 깨닫게 하기 위한 훈련이다.

1. 등받이가 없는 의자와 등받이가 있는 의자를 하나씩 준비한다.

2. 아이에게 두 가지 의자에 관한 것을 모두 적어보게 한다.

등받이 없는 의자	등받이 있는 의자
앉을 수 있다	앉을 수 있다
다리가 3개이다	다리가 4개이다
등받이가 없다	등받이가 있다
푹신푹신하다	딱딱하다
앉는 곳이 동그랗게 생겼다	앉는 곳이 네모나게 생겼다
바닥에서 앉는 곳까지의 높이가 30센티미터이다	바닥에서 앉는 곳까지의 높이가 35센티미터이다
받침대가 없다	받침대가 있다
공부방에서 사용한다	부엌에서 사용한다
가볍다	무겁다

3. 이제 서로 다른 점들을 정리해보자. 아이는 새로 떠오른 생각들을 더 첨가하고 싶어할 것이다.

- ◆ 색깔
- ◆ 크기
- ◆ 재료
- ◆ 모양
- ◆ 다리의 수
- ◆ 등받이
- ◆ 편안함의 정도
- ◆ 쓰임새
- ◆ 구조

그런 다음엔 같은 점을 정리한다.

- ◆ 앉을 수 있다는 것
- ◆ 다리가 있다는 것
- ◆ 집에서 사용한다는 것
- ◆ 같은 가게에서 사왔다는 것
- ◆ 선반에서 물건을 내릴 때 사용할 수 있다는 것
- ◆ 같은 재질로 만들어졌다는 것
- ◆ 공장에서 만들어졌다는 것

4. 이번엔 아이로 하여금 이와 같은 정보를 이용하여 문장으로 설명해보도록 한다. 두 개의 물건이 어떤 모습인지 자세히 설명하게 하는 것이다.

두 개 모두 앉는 데 쓰이는 가구지만,
하나는 등받이가 있고 하나는 없다.

두 개 모두 앉는 데 사용되지만,
등받이 없는 의자가 더 편안하다.

이런 식으로 훈련하면 자신의 생각을 좀더 자세히 표현할 수 있으며, 결국엔 다음과 같은 결론을 이끌어낼 수 있을 것이다.

등받이 없는 의자는 앉는 부분이 푹신푹신하기 때문에
편안하게 앉을 수가 있고, 반대로 등받이가 있는 의자는
앉는 부분이 딱딱해서 불편하다는 것을 알게 되었다.

이렇게 아이로 하여금 자신이 좋아하는 것과 싫어하는 것, 또는 알려진 것과 잘 알려지지 않은 것을 어떻게 설명하는지 가르칠 수 있다.

3

책읽기를 배우기 시작하는 아이들

책읽기의 즐거움을 알게 하기

책읽기는 평생 동안 누리는 즐거움이며, 읽으면 읽을수록 더 많은 책을 읽게 된다. 따라서 아이들의 책읽기에 관심을 갖는 것은 당연한 일이며 아주 중요한 과제이기도 하다.

책읽기를 즐기는 어른들은
- 자신감이 있고
- 아이들을 도와주는 것이 기쁘고
- 읽어야 할 책이 있으면 언제든지 시간을 내고
- 직업의 기회가 무궁무진하다고 생각하며
- 성인 교육이 가능하다고 여기고
- 어떤 형태의 일이든 처리할 수 있다고 생각하며

◆ 항상 끊임없이 배울 수 있다고 생각한다.

책읽기를 즐기는 아이들은

◆ 책 속에서 무언가를 찾아내는 기쁨을 느끼고
◆ 컴퓨터를 적절히 활용할 수 있는 기회를 갖게 되며
◆ 책을 돌려 읽는 재미를 느끼고
◆ 책이란 즐거움을 주는 물건이라고 생각하고
◆ 스스로를 위해 정보를 찾아낼 수 있는 능력을 갖춘다.

하지만 아이들에게 책읽기를 가르치는 방법들이 너구나 많아서 부모들은 혼란스럽기만 하다. 도대체 어떻게 하는 것이 가장 좋은 방법일까? 물론 지금까지 나온 여러 가지 방법들은 나름대로 장점을 갖고 있으며 아이들이 책을 읽기 시작하는 데 도움이 되었던 것은 사실이다. 그러나 아직까지 이렇다 할 만한 기적적인 해결책은 나온 적이 없다. 그러므로 한두 가지 방법이 당신의 자녀에게 그대로 적용되지 않았다고 해서 결코 걱정할 필요는 없다.

지금껏 우리는 많은 아이들과 함께
즐거운 책읽기를 시도해왔다
그 경험을 통해 우리가 터득한 방법을
당신과 함께 나누고자 한다

어떤 때 아이들은 자신감 있고 유능한 독서가가 될까?

♥ 엄마, 아빠가 자신을 성심껏 도와주려 하고, 또 도와줄 수 있다고 믿을 때

♥ 재미있고 신나고 흥미진진한 책을 주었을 때

♥ 집 안 여기저기에 책이 있어서 언제든지 책을 읽을 수 있을 때

♥ 아이들만의 책이 따로 꽂혀 있을 때

♥ 책을 읽을 때 반드시 처음부터 시작해 마지막까지 다 읽어야 한다고 강요받지 않을 때

♥ 책읽기도 연습을 통해 배울 수 있다고 생각했을 때

♥ 다른 아이들과 비교하지 않을 때

♥ 쉬는 날 휴식의 하나로 온 가족이 편안하게 책을 읽을 때

♥ 언제든 관심 있는 분야의 책을 무엇이든 읽어도 될 때

♥ 책에 대한 관심으로 놀림을 당하거나 평가받지 않을 때

♥ 큰 소리로 책을 읽을 수 있는 기회가 많이 주어질 때

♥ 서점이나 도서관에서 책을 훑어볼 수 있는 기회가 많을 때

♥ 친구나 가족들이 즐거움과 정보를 얻기 위해 책 읽는 모습을 볼 때

♥ 부모가 어렸을 때 즐겨 읽던 책을 아이에게 읽으라고 강요하지 않을 때

♥ 읽을 거리가 주위 곳곳에 있다는 것을 알게 될 때(간판, 소포, 광고지 등)

♥ 늦게 읽든 빨리 읽든, 아이 스스로 책 읽는 속도를 정하고 자유롭게 읽을 수 있도록 도와줄 때

♥ 부모와 함께 책 내용을 가지고 즐겁게 이야기할 수 있을 때

♥ 다른 사람이 읽을 수 있도록 글자를 써볼 기회가 주어질 때

♥ 글자를 제대로 읽어야 한다고 부담을 주지 않을 때

♥ 아이들의 책읽기 능력이 부모에게 커다란 기쁨을 준다고 느낄 때

♥ 전문가들이 무슨 말을 하든 그것에 흔들리지 않고 일관성 있게 아이들을 가르칠 때

책읽기를 배우는 것은 새 집으로 이사하는 것과 같다

아이에게 일방적으로 요구할 것이 아니라, 아이와 함께 하라!

맨 처음 해야 할 일은 아이와 함께 목표를 정하는 것이다. 왜 책을 읽으려고 하는가? 책읽기를 통해 무엇을 얻고자 하는가? 왜 책을 읽는 것은 좋은가? 부모가 생각하는 바를 솔직하게 말하고 아이에게도 의견을 물어본다.

왜 아이가 책을 읽을 수 있기를 바라는 걸까?

- ◆ 아이가 책을 사랑하길 바라므로
- ◆ 독서를 필요로 하는 어떤 상황에서도 자신감을 가질 수 있으므로
- ◆ 무엇이든 읽을 수 있으므로
- ◆ 큰 소리로 책을 읽을 수 있다는 자신감을 갖게 되므로

- 배움이란 무엇을 통해서도 가능하다고 느끼게 되므로
- 새로운 지식을 얻을 수 있으므로
- 직접 경험해볼 수 없는 것들도 책을 통해 알게 되므로
- 즐거움과 기쁨을 느낄 수 있으므로

이와 같은 사실에 부모와 아이 모두 동의했다면 이제 시작하자. 하지만 천천히 나아가야 한다는 사실을 잊지 말 것. 서둘지 말고 천천히 나아가는 것이 오히려 빨리 갈 수 있는 방법이다!

책읽기를 배우는 것은 새 집으로 이사 가는 것과 같다. 이사할 때 어떤 가구는 곧장 방으로 들여놓을 수도 있지만, 뭔가를 들여놓기 전에 먼저 장식을 할 수도 있다. 또한 새 집에 어울리는 특별한 아이템을 찾아보고 싶은 경우도 있다. 책읽기도 마찬가지다. 아이에 따라 무슨 책이든 가리지 않고 금방금방 읽어내는 아이가 있는가 하면, 책읽기에 들어가기 전에 준비 작업이 필요한 아이도 있다.

이렇듯 아이마다 배우는 스타일이 다르기 때문에 책읽기를 배우는 데에는 여러 가지 다양한 방법이 있다는 사실을 반드시 알고 있어야 한다. 그리고 아이가 좋아하지 않는 방법에 대해서는 너무 신경 쓰지 말자. 아이가 좋아하는 또 다른 방법이 있게 마련이니까 말이다.

책읽기를 배우는 방법들

글자 쓰기를 통하여

다섯 살배기 팀은 읽기나 쓰기에 전혀 관심을 보이지 않았다. 그러던 어느 날, 팀은 장난감 하나에 푹 빠지게 되었다. 한참 동안 장난감을 가지고 놀던 팀은 무슨 생각이 들었는지 장난감을 뒤집어보고는 거기에 쓰여 있는 글자를 읽고 싶어했다. 도대체 이것들은 무슨 뜻일까? 그때부터 팀은 그 장난감이 어떤 것인지 설명하기 위해 이전에는 한 번도 말해본 적이 없는 수준의 어휘들을 사용하기 시작했다. 물론 장난감에 써 있는 내용과는 차이가 많이 났지만. 그리고 다른 사람들이 장난감을 보고 자기한테 설명해주는 단어들을 즐겨 듣게 되었다. 팀은 기분이 아주 좋았고 자기가 하고 있는 일을 글자로 기록하고 싶어했다. 장난감에 쓰여 있는 글자에 원을 쳤고 그곳을 색칠하기도 했다. 비로소 팀은 원이 쳐진 글자들을 배우기 시작한 것이다.

한동안 팀은 자신이 스스로 쓴 글자만 읽을 수 있었지만, 서서히 여기저기 써 있는 글자들을 읽는 데 자신감을 갖게 되었다. 자신이 글자를 쓸 수 있게 되기 전까지 팀은 읽는 것을 배우는 데 관심이 없었다가 글자를 쓰기 시작하면서 글자 읽기에도 흥미를 붙이게 된 것이다.

대화를 통하여

아이에게 자꾸 말을 걸어보자. 아이들은 말을 많이 하면 할수록 언어가 어떻게 작용하는지 더 잘 이해하게 된다. 또한 자기들이 읽고 있는 것을 더 쉽게 이해할 수 있다. 읽는 것과 말하는 것이 똑같은 글자로 이루어져 있다는 사실을 깨닫기 시작하면 그때부터 책읽기가 이루어진다.

낱말 카드를 통하여

우리는 아이와 함께 많은 곳을 돌아다닌다. 시장, 영화관, 서점, 문구점, 지하철역… 그 어느 곳을 가든 광고판이나 안내 게시판이 붙어 있을 것이다. 예를 들자면 버스정류장, 미시오, 당기시오, 열렸음, 닫혔음, 비상구 등등. 거리 곳곳에 붙어 있는 수많은 단어들을 보고 읽으면서 아이들은 천천히 글자를 배우게 된다.

그렇다면 아이의 생활 공간인 집 안 여기저기에 그와 비슷한 낱말 카드를 붙여보자. 만약 아이에게 동사를 가르치고자 한다면 '가시오, 오시오, 깡충 뛰시오, 앉으시오' 같은 낱말 카드를 붙여놓는다. 그리고 아이 이름이 적힌 종이도 붙인다. 그런 다음 이름이 적힌 종이와 동사가 적힌 종이를 동시에 들면 아이는 종이에 적힌 대로 해야 한다. 이때 엄마는 "카리나, 깡충 뛰어라" 하고 큰 소리로 말해준다. 이것이 바로 '전체 단어'를 배우는 방식으로, 문자와 그에 해당하는 동작이 서로 깊은 연관성을 가진다는 사실도 깨우쳐줄 수 있다.

소리를 통하여

일곱 살인 리지는 글씨를 배우기는 했지만 웬일인지 책읽기에는 아무런 발전이 없었다. 왜 그럴까? 우리가 살펴본 결과, 이 아이는 '전체 단어' 접근법을 모르고 있었다.

우선 리지는 글자의 소리를 익혀나가기 시작했다. 한 글자 한 글자의 소리뿐만 아니라 글자들이 한데 어우러졌을 때 어떤 소리로 변하는지, 또 어떤 의미를 갖는지 배웠다. 예를 들어 c, a, t를 낱글자로 읽을 때는 소리만 있을 뿐 의미를 갖지 않는다. 하지만 c, a, t가 한데 어우러져 cat이란 단어를 이루면 [kæt]으로 읽히면서, 동시에 '고양이'라는 의미를 갖는다.

이런 식으로 글자의 소리를 배우자 리지는 전체 단어를 읽는 방법이 있다는 사실을 이해하게 되었다. 그러면서 자신이 발음할 수 있는 단어를 소리내어 읽는 데 흥미를 붙이기 시작했다. 책읽기로 향하는 첫걸음을 뗀 셈이다.

욕망을 통하여

어떤 아이들은 책을 읽으면서 끊임없이 질문을 해댄다. "엄마, 이

말은 무슨 뜻이야? 이건 또 뭐야?" 끝없이 이어지는 질문 세례에 엄마는 곤혹스러울 것이다. 이것은 아이가 책에 쓰여 있는 것 이상으로 많은 것을 알고 싶어하기 때문이다.

발견을 통하여
발견을 통해 배우는 아이들은 낱말들 간의 유사성을 금방 알아낸다. 이런 아이들은 하나의 단어를 알게 되면 곳곳에서 이 단어를 찾으려고 한다. 이같은 성향을 가진 아이들은 비슷한 단어들이나 글자 수가 같은 단어들 등 다양한 목록을 만들어내기도 한다.

이렇게 아이들이 책읽기를 향해 나아가는 길은 참으로 여러 가지이다. 하지만 어떤 경우에든 꼭 기억하자. 배움이란 부모가 아이와 함께 배우고 있을 때 아이들에게 자연스럽게 일어나는 것임을. 아이가 어떻게 배우는지, 무엇이 아이를 기쁘게 하는지, 무엇이 아이를 계속해서 배우게 하는지, 무엇 때문에 아이가 포기하고 싶어하는지를 잘 관찰함으로써 부모들은 아이를 어떻게 도와줄 수 있는지를 배우게 될 것이다.

책읽기를 보다 쉽게 만들기

이야기책에 실려 있는 한 대목을 읽어보자.

　제니퍼는 창문 가에 앉아서 비가 내리는 창 밖을 내다보고 있었다. 그녀는 엄마와 남동생 앤디가 여느 때처럼 부엌에서 서로 다투고 있는 소리를 들었다. 엄마는 제니퍼와 앤디를 데리고 집 근처 병원의 브라운 선생님께 진찰을 받으러 가려고 하셨다. 앤디가 제니퍼의 자전거에 걸려 넘어지는 바람에 다리를 다쳤던 것이다. 제니퍼는 앤디가 다친 걸 생각하니 마음이 불편하였다. 왜냐하면 자전거를 차고에 제대로 갖다놓지 않아서 사고가 났기 때문이다. 제니퍼는 물건을 잘 정리해놓으라고 항상 말씀하시던 엄마의 얘기를 생각하고는 곧 잘못 놓인 물건들을 정리하기 시작했다.

이것은 아주 짤막한 한 대목에 지나지 않지만, 책읽기를 갓 배우기 시작한 아이들에겐 그리 쉽지 않은 과제이다. 언뜻언뜻 잘 모르는 글자들도 눈에 띄는데다가 왜 이렇게 문장이 길게 느껴지는지… 한번 읽어보겠다는 자신감보다 두려움이 앞선다.

이럴 때에는 새로운 방법으로 접근해볼 필요가 있다. 마치 블록 놀이를 하듯이, 수학 문제를 풀듯이, 퍼즐 게임을 하듯이 문장과 단어를 쪼개고 맞추고 묶어보는 것이다.

자, 그럼 위의 이야기를 다음과 같이 정리해보자.

◆ 문장 : 몇 개의 문장으로 이루어져 있는가?
◆ 이름 : 등장인물들의 이름은 무엇이며, 각각 몇 번씩 나오는가?

　　　　　제일 많이 나오는 이름은 무엇인가?
◆ 한 문장 안에 두 번 이상 반복해서 나오는 글자는?

앞의 문장에서 예를 들어보면 다음과 같다.

창문 가에	**창** 밖	
물건을	**물건**들을	
말씀하시던	생각하고는	정리하기

♦ 글자 수가 같은 단어들 : 목록으로 만들어보자

1	2	3	4	5
집	항상	앉아서	제니퍼는	말씀하시던
곧	비가	엄마와	내다보고	생각하고는
잘	근처	남동생	부엌에서	불편하였다

♦ '서' 로 끝나는 단어들

앉아서   부엌에서   않아서

♦ '을' 또는 '를' 로 끝나는 단어들

밖을   소리를   앤디를   진찰을   다리를
자전거를   물건을   얘기를   물건들을

♦ '가' 가 들어 있는 단어들

가에   비가   앤디가   가려고   사그가

♦ 문장의 맨 끝에 있는 단어들

있었다.   들었다.   하셨다.   것이다.   불편하였다.
때문이다.   시작했다.

♦ 명사 : 사람이나 사물의 이름을 나타내는 단어

제니퍼   앤디   엄마   창   비   자전거   병원
차고   선생님   진찰   마음   사고   물건   말씀

121

◆ 동사 : 사물의 동작 · 작용을 나타내되, 활용을 하는 단어

   앉다   내다보다   가다   다치다   정리하다   말씀하시다

◆ 모두 살펴본 후에도 아이가 여전히 어떻게 읽는 건지, 어떤 뜻인지
   잘 모르겠다고 하는 단어들을 정리한다.

이 밖에도 여러 가지 분류 기준을 정해 그에 맞게 문장을 분석해본
다. 아이로 하여금 스스로 기준을 세워보게 하는 것도 재미있는 활동
이 된다.

이 활동은 부분적으로든, 전체적으로든 책의 내용을 많은 부분으
로 분해하고(원문 분석) 다시 조립해볼 수 있어서 단어와 내용을 좀
더 쉽게 이해할 수 있는 계기를 마련해준다. 또 몇 개의 단어를 이용
해 자유롭게 문장을 만들어봄으로써(문장 복구) 자신감을 얻게 될
것이다. 어렵게만 느껴졌던 문장을 마음대로 쪼개보고 묶어보고 정
리하는 동안 책읽기의 두려움과 부담감에서 자연스럽게 벗어날 수
있다.

누에고치에서 벗어나
날도록 아이를 뒷받침하기

　필요할 때 언제든 도움을 받을 수 있다고 믿는 아이들은 모험심이 강해진다. 반대로 무시를 당하거나 걷기도 전에 뛰라고 강요받는 아이들, 특히 아무런 도움도 받지 못하는 아이들은 소심해지거나 공격적으로 변하거나 남의 눈에 띄지 않으려 할 것이다.

　아이를 가장 잘 도와주는 방법은 아이가 도움을 필요로 할 때 가까이에서 정성을 다해 도와주는 것이다. '가까이에서 돕는다는 것'은 부모와 자녀가 동시에 어떠한 행동의 동일한 부분에 집중한다는 것을 뜻한다. 예를 들어 아이의 책읽기를 도와주고 싶은 부모라면 아이와 같이 한자리에 앉아 종이를 꺼내 단어를 적어가면서 이야기를 나누는 것이다. 아이가 목록을 써내려가면 부모는 그것을 지켜보면서 아이가 필요로 하는 도움을 주면 된다. 물론 그렇다고 해서 아이 곁에 늘 머물러 있으라는 소리는 아니다. 그건 오히려 해가 될 수도 있다. 아이가 정말로 도움을 필요로 하는 것이 무엇인지 파악하여 그에 맞게 가까이에서 함께하라는 것이다.

　부모의 도움은 아이에게 노력이란 것이 얼마나 소중한 가치를 지니는지, 혹은 아이가 조금씩 발전해나가는 것이 얼마나 축하할 만한 일인지를 보여주는 형식이 될 수도 있다. 항상 노력하는 모습을 보여주고, 또 조그마한 일이라도 아이가 열심히 해냈을 때 듬뿍듬뿍 칭찬을 안겨주는 것이야말로 우리가 아이들에게 해줄 수 있는 가장 값어치 있는 일이다. 아이들 가까이에서 도움을 준다는 것은 안전하고 풍요로운 누에고치를 제공하여 좀더 독립적인 존재가 될 시점인 다음 단계로 성장할 수 있도록 해주는 것에 다름아니다.

책읽기를 할 때 가까이에서 도움 주기

◆ 아이가 무엇을 읽을 수 있는지 살펴볼 수 있도록 가까이 다가앉는다. 아이를 무릎에 앉히거나 바로 옆자리에 앉히는 것도 좋다.

◆ 아이가 읽고 있는 모든 것을 주의 깊게 귀기울여 듣는다. 그리고 아이가 잘못 읽으면 왜 그렇게 읽게 되었는지 이유를 생각해본다. 아이는 그림을 본 후에 자기 마음대로 단어를 짐작할 수도 있고, 글자의 형태를 혼동할 수도 있으며, 글자들의 조합을 구별하지 못할 수도 있다

◆ 종이와 연필을 준비해서 아이가 잘못할 때면 잠깐 읽기를 멈추고 단어가 어떻게 분해되는지를 보여준다(예를 들어 '우유'는 '우'와 '유'로 이루어져 있다).

◆ 아이가 얼마나 잘하고 있는지를 말해주는 것도 잊지 말 것.

◆ 아이에게 새롭게 배운 것이 있는지 물어본 다음 종이에 적어둔다. 부모도 아이가 새롭게 배웠다고 생각되는 것을 말해준다. 그것도 종이에 써 놓는다.

◆ 아이가 자신감을 잃거나 예민해지는 것 같으면 휴식을 취한다(휴식을 취하는 방법은 이 책의 7장 참조)

복잡한 문장 이해하기

책읽기 수준을 지속적으로 발전시키기 위해서는 자기 만족에 빠지지 않도록 새로운 자극을 제공하고, 또 격려해주어야 한다. 책읽기를 통해 아이의 지적인 잠재능력을 향상시키려면 아이가 단순한 주제에 관한 복잡한 문장을 이해할 수 있도록 이끌어주어야 한다.

고양이가 깔개 위에 앉아 있다.

고양이가 깔개 위에 얌전히 앉아 있었다.

부드러운 회색 털의 고양이가 깔개 위에 앉아 있었다.

부드러운 회색 털의 고양이가 카펫 위에 길게 누워 있었다.

페르시안 카펫 위에 히말라야산 고양이가 길게 누워 있었다.

히말라야산 쥐 사냥꾼인 고양이 우스터가 값비싼 페르시안 카펫 위에 노곤한 표정으로 누워 있었다.

히말라야산의 거만한 쥐 사냥군이 있었는데,
인간 가족들은 그를 우스터라고 불렀다.
그가 진귀하고 값비싼 페르시안 카펫 위에 노곤한 표정으로 누워서는,
쇼핑백 안에 들어 있는 새우를 어떻게 훔쳐 먹을까 궁리하고 있었다.

이야기책에 나오는 복잡한 문장 이해하기

우선 이야기책이 독자와 어떤 관계를 갖는지 알아보자.

이야기책은…

◆ 독자를 이야기 속으로 끌어들인다.
◆ 독자로 하여금 생각하도록 만든다.
◆ 독자의 마음을 움직이고 감동시킨다.
◆ 전혀 경험해보지 못한 인물들과 서로 교감하도록 이끈다.
◆ 사고력을 향상시키는 언어를 독자에게 제공한다.

아이와 함께 이야기책을 읽는 가장 좋은 방법은 '함께 읽는 것'이다. 이야기를 읽어가면서 단어와 개념들을 탐험해본다. 이런 식으로 처음부터 끝까지 다 읽을 필요는 없다. 아이들은 자신이 읽기 편한 속도로 책을 읽고 싶어할 수도 있다. 천천히 혹은 빠르게. 이때는 자연스런 흐름에 맡기자.

아이와 책을 읽을 때에는 일정하게 시간을 정해두고 서로 큰 소리로 읽는 것이 좋다. 아이가 중학생이 되었다 해도 큰 소리로 책읽기는 이해력과 열정을 길러주는 데 도움이 된다.

교과서에 나오는 복잡한 문장 이해하기

교과서로 공부할 때에는 어려운 단어나 전문 용어에 대해 정확히 이해하는 것이 중요하다. 물론 교과서에는 아이들이 이해하기 쉽도록 전문 용어를 일상적인 단어로 쉽게 풀이해놓고 있다. 그러면 아이들은 그 의미를 안다고 가볍게 생각해버린다. 하지만 과연 정확히 알고 있는 것일까? 그렇지 않다는 걸 아이들은 자주 깨닫게 된다.

로마 군단이 새로운 제국으로 입성했다.

워싱턴에서 국가간 협정이 맺어졌다.

폴링은 저명한 화학자이다.

아이들은 종종 동명이인 때문에 혼란스러워하기도 한다. 마돈나가 두 사람 있다는 것을 알게 되었을 때의 놀라움 같은 것일 수 있다. 마찬가지로 넬슨 만델라도 가끔 트라팔가 해전에서 승리한 장군으로 생각하는 때가 있다. 교과서 문장 중에 이탤릭체나 굵은 서체로 표시된 경우, 이것은 해당 단어의 뜻풀이가 교과서 맨 뒤의 용어해설란에 실려 있는 수가 많으므로 이를 참고하면 도움이 된다. 또 색인을 통해 해당 단어가 처음으로 언급된 부분을 다시 살펴봄으로써 그 뜻을 파악할 수도 있다. 아이가 용어의 뜻을 정확히 파악하지 못했을 때에는 그냥 넘어갈 것이 아니라 이러한 여러 가지 방법을 통해 스스로 그 뜻을 알아보게 한다.

'~에 관한 문장 읽기'는 주어진 정보를 새로운 시각으로 이해하고 파악하는 또 하나의 방법을 제공해준다. 특정한 단어 몇 개를 계속 강조해가면서 여러 번에 걸쳐 문장을 읽는 것인데, 이는 의미를 파악하는 데 도움이 많이 된다. 아이와 함께 각 단어에 대해 각자가 생각하는 의미를 적어볼 수도 있다. 이렇게 함으로써 아이는 동일한 용어에 대해 여러 가지의 다양한 정의를 내릴 수 있다는 사실을 저절로 깨닫게 될 것이다. 이것을 시작으로 해서 단어와 관련된 주제에 관해 자유롭게 의견을 나눠보고 그 주제에 대한 이해를 넓혀갈 수 있다.

교과서란 지은이가 독자들에게 정보를 전달하기 위하여 쓴 책이다. 물론 교과서가 정보를 담고 있는 유일한 책은 아니며 정보서 중의 하나일 뿐이다. 이 점을 아이들에게도 알려주자. 교과서를 지겹기만 한 공부용 책이 아니라 새롭고 흥미로운 지식을 얻을 수 있는 정보서로 인식시키면 훨씬 편안하고 재미있게 교과서를 대할 수 있다.

신문과 잡지에 나오는 복잡한 문장 이해하기

아이가 관심을 가질 만한 주제를 찾아낸 다음, 아이에게 그 주제에 관한 기사를 신문에서 찾아보게 한다. 그리고 나서는 '~에 관한 문장 읽기'를 시작하라. 아이와 함께 문장을 번갈아 읽어가면서 하나의 주제에 집중하는 것이다.

신문은 신속하고 즉각적인 정보를 제공하면서도 텔레비전이나 라디오와 달리 언제든 다시 볼 수 있기 때문에 아주 유익한 매체이다. 신문을 통해 아이들은 세계와 지역 사회, 그리고 사람들에 대한 이해와 정보를 얻게 된다. 또한 신문은 아이들에게 다양한 형식의 글쓰기를 경험할 수 있도록 해주며, 최신 단어(나중엔 일상적인 단어가 되는)들이 등장하는 공간이기도 하다.

복잡한 문장을 쉽게 이해할 수 있게 도와주기

문장 부호 : 쉼표, 마침표에서 잠시 멈췄다가 다시 시작하라!

문장이 복잡하거나 어려워서 아이가 잘 이해하지 못하면 먼저 쉼표, 마침표 같은 문장 부호부터 살펴본다. 쉼표, 마침표, 물음표 등에서 잠시 멈춤으로써 문장의 의미가 더욱 명쾌해질 수 있기 때문이다.

단어 찾아보기 : 국어사전과 백과사전

확실하게 알지 못하는 단어들은 대충 넘겨버릴 것이 아니라 국어사전이나 백과사전을 이용하여 단어의 의미를 정확히 이해하도록 이끌어준다. 백과사전을 이용하면 단순한 뜻풀이 외에도 다양한 정보들을 접할 수 있어 좋다.

무엇을 말하는지 파악하기 : 문장의 전후 관계

문장에 있어 전후 관계란 무엇인가? 앞에 나온 문장은 무슨 내용이었나? 그 문장이 바로 뒤에 어떤 문장이 나올지 파악하는 데 도움을 주는가?

단어를 그림으로 바꿔보기

그림으로 표현 가능한 단어가 나오면 아이에게 종이에다 그림을 그려보라고 한다. 예를 들어 '그 골목에는 열세 채의 집이 있었는데 한쪽에는 여섯 채가, 그리고 다른 한쪽에는 일곱 채가 서 있었다. 공터는 아이들의 놀이터로 쓰이고 있었다' 라는 문장이라면 그림으로 충분히 표현할 수 있을 것이다.

단어를 행동으로 바꿔보기

행동이나 자세가 자세히 묘사되어 있는 경우엔 아이에게 그 행동을 직접 취해보라고 한다. '그는 쓸쓸한 표정을 지은 채 턱을 괴고 앉아 있었다.'

즐겁게 수다떨기

그림이나 행동으로 표현할 수 없는 문장은 그 의미가 무엇인지, 또 어떤 느낌을 주는지 아이와 함께 자유롭고 편안하게 수다를 떨어보자. 수다를 통해 아이들

우리 아이 책벌레로 기르기

책읽기의 첫 단계부터 도움을 주는 방법

◆ 항상 책을 똑바로 꽂아둔다.

◆ 조심스럽게 책장을 넘긴다.

◆ 그림을 감상하고, 이야기에 귀기울인다.

◆ 책이란 생각을 써놓은 것이라는 사실을 알려준다.

◆ 책을 재미있는 것으로 여기도록 이끌어준다.

◆ 책의 앞표지와 뒷표지까지 잘 보게 한다.

◆ 왼쪽에서 오른쪽으로 읽는다.

◆ 위에서 아래로 읽는다.

◆ 스스로 책을 선택해보게 한다.

책읽기를 계속하게 만드는 방법

◆ 글자에는 소리와 의미가 있다는 사실을 알게 해준다.

◆ 기본 글자(알파벳)를 익히도록 한다.

◆ 낱글자가 합쳐져 하나의 단어를 만들어낸다는 것을 이해시킨다.

◆ 단어들이 언제나 예상하는 대로 발음되는 것은 아니라는 사실을 알려준다.

◆ 스스로 책을 고르는 법에 대해 얘기해준다.

◆ 자신의 생각을 문장으로 표현하는 방법에 대해 알려준다.

◆ 문장의 의미를 정확히 파악할 수 있도록 도와준다.

책벌레가 더욱 책을 파고 들게 만드는 방법

◆ 책에서 정보를 얻는 방법에 대해 가르쳐준다.

◆ 색인, 차례, 용어 해설을 활용할 수 있도록 한다.

◆ 도움이 되는 것과 도움이 되지 않는 것을 골라내게 한다.

◆ 삽화, 그래프, 통계표 읽는 법을 알려준다.

◆ 필요한 정보를 찾아내는 데 도움이 되는 질문들을 생각해보게 도와준다.

◆ 자기가 좋아하는 것이 무엇인지 기억해서 다음번엔 책에서 그것을 얻어낼 수 있도록 한다.

◆ 작가들마다 독특한 스타일이 있다는 것을 알려준다.

◆ 왜 책을 좋아하는지 알게 해준다.

흔히 일어나는 문제 해결하기

시도조차 해보지 않는 아이

데이빗은 열한 살이다. 하지만 두 글자로 된 단어조차도 제대로
이해하지 못하고 있었다.

정말이지 책읽기 능력은 매우 걱정스런 형편이었다.

그런데도 데이빗은 책을 읽으려 노력하지도 않았고,

또 그럴 필요성조차 느끼지 못하는 것 같았다.

글을 읽을 줄은 알지만 책을 전혀 읽으려 하지 않는 아이들의 경우
엔 다음과 같이 도와줄 수 있다.

1. 첫번째 문장을 들여다보게 한 다음 아이가 읽을 줄 모른다고 생
각하는 단어들을 모두 적는다.

2. 아이가 그 단어를 읽을 수 있도록 도와준다. 이때, 단어를 분해해서 두 글자가 하나의 소리를 이룬다는 걸 보여준다.

3. 이제는 문장 전체를 읽어보게 한다.

4. 두번째 문장도 같은 방법을 적용할 수 있다.

5. 첫번째 문장과 두번째 문장을 다시 읽어보게 한 후, 다음의 두 문장으로 나아간다.

6. 아이가 다시 책을 읽으려고 하지 않으면 즉시 아이가 읽었던 첫번째 문장과 똑같은 문장을 들여다보게 한다.

잘못된 자신감을 가진 아이

일곱 살짜리 존은 자기 반에서 최고의 축구선수였지만
불행히도 책을 읽을 줄은 몰랐다. 존은 다른 분야에서는 어디서든
빛나는 존재였기 때문에 자신이 읽지 못하는 걸 이해하기 힘들었다.
읽기 수업을 할 때마다 자신만만했지만 당연히 실수를 할 수밖에 없었고
그때마다 아이는 스스로에게 무척이나 화가 났다.

아이가 자신감을 잃어가고 있을 때는 다음과 같이 도와줄 수 있다.

1. 아이와 함께 무엇을 읽을 것인지 정한다. 두 글자로 된 단어를 모두 읽은 후, 지금까지 읽은 단어가 최소한 하나는 들어 있는 문장을 찾아낸다.

2. 등장인물의 이름처럼 책에서 자주 반복되는 단어를 선택한 다음 그 단어가 들어 있는 문장을 찾아내도록 한다.

3. 그런 다음엔 아이로 하여금 문장에서 두 글자로 된 단어를 찾아 그 단어를 읽어보게 한다.

4. 이제 아이는 문장 전체를 어렵지 않게 읽을 수 있을 것이다.

스스로에게 가혹한 이 어린 녀석 때문에 기운이 빠질 수도 있지만, 항상 당신이 아이의 부모라는 사실과 아이가 반드시 성공하리라는 사실을 잊지 말자.

어리석은 실수를 저지르는 아이

알렉스는 자신감에 넘치고 책을 잘 읽는 아이다.

하지만 웬일인지 자꾸만 글자나 단어를 빼먹는 바람에

책 내용을 제대로 이해하지 못했다.

그럼에도 알렉스는 자신이 책을 읽을 때

선생님이 그만 읽으라고 한 적이 없었기 때문에

아무 생각 없이 계속해서 책을 읽어나갔다.

또 학급에서 가장 어려운 책을 읽었기 때문에

자기가 책을 잘 읽는 아이라고 생각했다.

정확하게 책을 읽지 않는 아이들의 경우엔 다음과 같이 도와줄 수 있다.

1. 자신이 읽은 것에 대해서는 이해할 수 있어야 하며, 그러기 위해선 문장의 모든 것을 놓치지 않고 보아야 한다는 사실을 아이에게 이

해시킨다.

2. 아이에게 책을 읽도록 하되 실수를 하면 얼른 처음부터 다시 읽게 한다. 아이는 매번 더 많이 읽으려 할 것이고, 또 그렇게 될 것이므로 이것은 마치 게임처럼 아주 즐거운 활동이 될 것이다.

너무 겁에 질려 읽지 못하는 아이

아담은 마치 시한폭탄이라도 되는 것처럼 책만 보면 겁에 질렸다.

책을 잘 읽지 못할까봐 너무 겁을 먹고 있는 것이었다.

아이는 웅얼거리면서 필사적으로 주위를 두리번거렸다.

아이가 책읽기를 겁낼 경우에는 다음과 같이 도와줄 수 있다.

앞의 '책읽기를 보다 쉽게 만들기' 부분에 실려 있는 사항을 시도해본다. 그런 방식으로 책읽기에 대한 두려움을 제거하면 책읽기의 즐거움을 맛보고, 또 도전하고 싶은 마음이 생겨날 것이다.

보이지 않는 한계점에 부딪힌 아이

사라는 책을 잘 읽을 수 있었지만, 아무도 그 사실을 알아차리지 못했다.

사라는 자신에게 주어진 책은 무엇이든 다 읽으려

노력하는 착한 아이였다.

그러나 그 사실을 아무도 몰라주는 것 같아 사라는 속상했다.

결국 사라는 더 이상 책읽기를 배우려 하지 않았고,

다시는 책을 읽지 않으려고 하는 위험에 빠져 있었다.

  아이가 보이지 않는 한계점에 부딪혔을 때에는 다음과 같이 도와줄 수 있다.

  아이에게 조금 더 어려운 읽을거리를 준다. 그리고 아이가 저지르는 실수를 파악해두었다가 그 실수를 어떻게 해결하는지 아이에게 보여준다. 앞의 '책읽기를 보다 쉽게 만들기' 부분에 나온 사항을 시도해보면 좋을 것이다.

4

글쓰기를 배우기
시작하는 아이들

글을 쓴다는 것이 무엇인지
알게 하기

아이들은 글쓰기를 통해 다른 사람들과 의사소통하는 데 필요한 직접적인 통로를 갖게 된다. 또한 누군가에게 의존하지 않고도 자신의 생각을 표현할 수 있게 된다. 아이들은 대통령부터 이사 간 친구에 이르기까지 누구한테든 편지를 쓸 수 있다. 사실을 바탕으로 한 이야기를 쓸 수도 있고, 아니면 상상하여 만들어낸 이야기를 쓸 수도 있다. 아이들은 목록, 라벨, 계획을 바탕으로 하여 자신들의 삶을 차근차근 이루어내는 것이다.

할머니께,
책을 보내주셔서 정말 감사합니다.

140

자, 한 아이가 할머니께 편지를 띄우려고 한다. 그럼 먼저 다른 사람의 도움을 받지 않고도 편지를 쓰기 위해서는 무엇이 필요한지 생각해보아야 할 것이다.

언젠가 부모 교실에서 이에 대해 질문을 던져본 적이 있다. 그랬더니 어떤 부모는 이렇게 썼다. "종이에 글자를 쓰기 위해서는 연필 사용법을 알아야 한다. 그런 다음엔 글자들을 조합하여 단어를 만들 수 있어야 한다." 또 누군가는 이렇게 말했다. "아이는 자신이 무엇에 관해 쓰는지를 알아야 한다. 그렇지 않으면 엉뚱한 단어들만 늘어놓게 될 것이다." 또 다른 사람은 "맞춤법을 알아야 한다. 그렇지 않으면 아무도 그 내용을 이해할 수 없을 것이다."

사실 글쓰기란 입으로 소리내어 말하는 것을 글자로 표현하는 행위일 뿐이다. 이 개념을 알고 있는 아이들은 글쓰기에 대한 두려움에서 벗어날 수 있다. 이에 대해 부모들은 모두 동감했다. 하지만 아이들이 간단한 편지 한 통을 쓸 수 있기 위해서 이러한 것들을 얼마나 잘 알아야 하는지에 대해 고민하기 시작했다.

우리 필자들이 글쓰기란 아무리 나이가 어려도 시작할 수 있다는 사실을 말해주자 부모들은 무척 놀라워했다.

우리는 책을 읽기 훨씬 전부터 책을 가지고 놀게 하는 것과 같은 방식으로, 아이들은 글을 쓰기 훨씬 전부터 작가가 될 수 있다고 설명해주었다.

아이가 혼자서 모든 글자들을 구성할 필요는 없다. 부모가 가르쳐주면 되는 것이다. 아이의 손을 잡고 필요하다면 아이에게 연필을 쥐어주어 글자의 형태를 만들어나가도록 도와주면 된다. 부모에게 도움을 받았든, 받지 않았든 간에 알파벳 o를 쓸 수 있는 아이들은 book과 같은 글자의 o 부분을 채울 수 있다. 나머지는 부모가 써주면 된다.

이렇게 하면 아이는 자신이 글자를 썼다는 사실에 매우 기뻐하면서 더욱더 많은 것을 배우려 든다.

글쓰기를 배우는 동안 부모의 적극적이고 애정 어린 뒷받침을 받는 아이들은 스스로 할 수 있는 아이라는 자신감을 갖게 된다. 글쓰기 초기 단계에서 부모가 해줄 수 있는 일들은 다음과 같은 것이 있다.

- 문장 하나를 쓴 다음 아이에게 부모가 쓴 글의 윗부분에 똑같이 따라 쓰게 한다.
- 문장 하나를 쓴 다음 아이에게 그대로 베껴 쓰게 한다.
- 신문에 나온 문장을 스크랩하여 순서를 뒤섞어놓는다. 그런 다음 아이가 그 문장 속에 넣고 싶어하는 단어들을 모두 적게 한다. 그리고 나서 아이에게 순서에 맞게 정리하여 그것을 옮겨 쓰도록 한다.
- 단어를 적어준 다음 아이에게 단어장에 옮겨 적도록 한다. 이 단어장은 문장을 구성하는 데 사용할 수 있다.

아이들은 자신이 했던 첫번째 시도는 초안일 뿐이지 최종 완성품은 아니라는 사실을 알게 될 것이다. 이러한 것들은 아이가 글쓰기를 할 때 필요로 하는 기술적 요령들이다. 점점 발전해감에 따라 이러한 요령들은 더욱 세련될 것이다.

어떤 아이든 글쓰기를 시작하기 위해서는 기본적으로 글자를 구성하는 방법, 글자로 단어를 만드는 방법, 단어로 문장을 만드는 방법을 익혀야 한다는 것을 잊지 말자.

자신의 생각을 글로 표현하기 위해 아이들이 배워야 할 5L

선(Line)의 L

글자를 만들어내는 선, 생각을 표현하는 글자들

글자(Letter)의 L

단어를 만들어내는 글자, 생각을 정리해주는 단어들

라벨(Label)의 L

사물을 표현해주는 라벨, 생각 속에 등장하는 사물들

목록(List)의 L

생각 속의 사물들을 이해하기 위해 활용하는 목록

글자들(Letters)의 L

우리가 사용하는 글자들,

다른 사람에게 우리의 생각을 전해주는 글자들

글쓰기 시작하기

어떻게 하나의 단어가 다른 단어로 이어지고,
또 다른 단어로 이어져서 하나의 문장을 이루는가?

글쓰기를 시작하게 만드는 가장 좋은 방법은 질문을 던지는 것이
다. 아이에게 질문을 던질 때에는 '누가, 언제, 어디서, 무엇을, 왜,
어떻게'라는 것으로 시작하면 아이들을 아주 효과적으로 끌어들일
수 있다.

부모 : 넌 **무엇을** 쓸 거니?

아이 : 편지요.

부모 : **누구**한테 쓸 건데?

아이 : 할머니께요.

부모 : **왜** 할머니께 편지를 쓰려는 거지?
아이 : 책을 보내주셔서 고마워서요.

부모 : 할머니께서 책을 **어디서** 구했는지 알고 있니?
아이 : 아니오. 하지만 제 생일 선물 목록에 책이 들어 있었어요.

부모 : 그 책을 **언제** 읽었니?
아이 : 아빠가 어젯밤에 읽어주셨어요.

부모 : 편지를 **어떻게** 쓸 거니?
아이 : '할머니께, 책을 보내주셔서 정말 감사합니다' 라고 쓸 거예요.

이런 식으로 대화를 이어가면 아이는 글쓰기 실력을 향상시키는 좋은 기회를 갖게 된다. 그리고 글쓰기가 더욱 쉬워질 것이다. 또 아이는 문장을 재미있고 유익한 것으로 만들어주는 기술적인 요령을 활용할 수 있게 된다.

멋진 표현으로 글쓰기

일단 아이가 문장을 만들 수 있게 되면 이것은 이야기를 쓸 준비가 되었다는 걸 말해준다. 이렇게 이야기 뼈대를 만들면 그 다음엔 거기에 하나씩 살을 붙여나가면 된다. 훌륭한 작가들도 이야기의 뼈대에

다 다양한 묘사를 덧붙임으로써 장면을 만들어나간다. 아이들도 마찬가지다.

그렇다면 어떻게 표현력을 길러줄 수 있을까? 우선 오렌지나 집, 장미 같은 단순한 대상을 하나 선택한다. 그런 다음엔 아이가 그러한 대상을 다양하게 묘사할 수 있도록 자기만의 감각을 활용할 수 있게 도와준다.

부모 : 지금 뭐가 **보이니?**
아이 : 오렌지가 보여요.

부모 : 어떤 **느낌**이 들지?
아이 : 부드럽고 차가워요.

부모 : **냄새**는 어떠니?
아이 : 향긋하면서도 톡 쏘는 냄새가 나요.

부모 : **소리**도 나니?
아이 : 예. 톡톡 두드리면요.

부모 : 어떤 **맛**이 날 것 같니?
아이 : 끔찍한 맛이오. 난 오렌지가 싫어요.

이번엔 다른 생각을 얻기 위해 좀더 깊숙이 들어가보자. 다시 '누

146

가, 언제, 어디서, 무엇을, 왜, 어떻게' 가 들어 있는 질문을 던져본다.

부모 : **무슨** 종류의 오렌지야?
아이 : 커다란 네이블 오렌지예요.

부모 : **어디서** 났지?
아이 : 슈퍼마켓에서 사왔어요.

부모 : **언제** 사왔지?
아이 : 어제 학교 갔다 오는 길에요.

부모 : 이걸 **어떻게** 이용하면 좋을까?
아이 : 먹기는 싫으니까 공으로 가지고 놀 수 있겠죠.

부모 : 이걸 **누구**에게 주려고 샀지?
아이 : 할머니요. 할머니는 오렌지를 좋아하시거든요.

부모 : **왜** 우리가 할머니 대신 쇼핑을 하는 걸까?
아이 : 할머니는 일하시느라 바쁘거든요.

이렇게 얘기된 것을 바탕으로 아이는 이제 다음과 같은 글쓰기의
주제를 잡아낼 수 있게 되었다. 그것은 오렌지라는 단순한 물건에서
부터 출발한 것이다.

쇼핑
할머니의 쇼핑
나의 오렌지 공
오렌지와 나의 하루

    아이에게 질문을 던짐으로써 아이는 앞으로 어떻게 이야기를 전개 시켜나갈지 깊이 생각하게 된다. 물론 이야기를 처음 쓰기 시작하는 단계에서는 겨우 한 문장만 쓸 수 있을 것이다. 수식어가 거의 없는 아주 단순한 문장부터 말이다.

우리는 쇼핑을 하러 갔다.

    하지만 다시 질문을 던지면 문장은 조금씩 더 길어진다.

엄마와 나는 어제 학교에서 집으로 돌아오는 길에 쇼핑을 하러 갔다.

    또는 이렇게 쓸 수도 있을 것이다.

우리는 어제 슈퍼마켓으로 쇼핑을 하러 가서 할머니께 드릴 오렌지를 샀다.

    대상을 표현할 때에만 묘사가 쓰이는 것은 아니다. 이야기의 제목 중에는 그 자체로 느낌을 전달해주는 것이 있다.

톡톡 두드릴 때 소리가 나는 오렌지

부드럽고 차가운 오렌지

오렌지에 담긴 할머니 사랑

왜 이 문장을 썼을까?

아이와 함께 책이나 신문 기사, 또는 만화책을 볼 때 그 글의 첫 문장에 관심을 집중시킨다. 이 문장은 어떤 뜻일까, 작가는 왜 이 문장을 썼을까, 문장에 나오는 이 사람은 누구일까 등등 첫 문장을 읽으면서 떠오르는 궁금증이나 질문거리들을 모조리 생각해내는 것이다. 이 활동은 아이들로 하여금 왜 자신들이 글을 쓰는지 이해하는 데 도움을 준다. 예를 들어 다음과 같은 첫 문장이 있다고 해보자.

그녀는 '교장선생님께 말씀드릴 거야'라고 말했다.

1. 그녀는 교장선생님께 무엇을 말하려고 하는 걸까?
2. 그녀는 누구한테 말하고 있을까?
3. 무슨 일이 일어났던 걸까?
4. 그녀는 왜 교장선생님이 관심을 가질 거라고 생각할까?
5. 그녀는 교장선생님이 어떻게 해주길 원할까?
6. 그녀는 어떤 학교에 다닐까?
7. 그녀는 누구일까?
8. 그녀는 몇 살일까?

아이들은 무척 평범해 보이는 문장을 이용할 수도 있을 것이다.

비가 내리고 있었다.
————————

1. 비가 내리고 있는 게 중요한 건가?
2. 누군가가 있을까?
3. 그들은 어디에 있을까?
4. 어느 나라일까?
5. 이 문장은 도시에 관한 걸까?
6. 비가 오랫동안 내리고 있는 걸까?
7. 계절은 언제일까?
8. 비가 그칠까?
9. 이건 몇 년도에 일어난 이야기일까?

이런 기술은 책을 읽을 때에도 아주 유용하게 쓰인다.

책의 첫 장을 펼치고 첫 문장을 읽어보라. 과연 어떤 질문을 하고 싶은가? 계속해서 읽으면서 이러한 질문에 대한 답이 나오는지 살펴보라.

글쓰기는 지루해. 난 글쓰기가 싫어

아이가 무얼 써야 할지 아무것도 생각나지 않는다고 하면 그냥 그대로 둔다. 절대로 아이보다 앞서가려고 하면 안 된다. 이때는 그 상태에서 아이와 대화를 나누고 그 느낌을 적어본다.

부모 : 기분이 어떠니?

아이 : 지루해요.

부모 : 뭐가 지루해?

아이 : 이야기를 쓰는 게 지루해요.

부모 : 이야기를 쓰는 게 지루하다고 생각하는 사람은 누구지?

아이 : 제가 지루하다고 생각해요.

부모 : 왜 지루할까?

아이 : 쓸 수 없으니까요.

부모 : 그럼 내가 도와줄게. 이야기를 쓰는 것보다 덜 지루한 건 무얼
까?

아이 : 텔레비전 보는 거요. 채널을 바꿀 수 있으니까요.

부모 : 네가 제일 좋아하는 프로그램이 뭔지, 또 왜 좋아하는지 말해
줄래?

아이 : 주인공이 정말 멋있거든요. 힘도 세구요.

부모 : 그래? 그럼 그걸 문장으로 한번 만들어볼까?

감정과 느낌 표현하기

누구나 말로는 설명하기 어려운 느낌을 받을 때가 있다. 특히 아이
들의 경우엔 어른들보다 더욱 그럴 것이다. 왜냐하면 아이들은 자신
이 느낀 바를 적절히 설명해줄 만한 단어를 잘 모르기 때문이다. 또
그런 복잡한 감정의 세계를 탐험할 만한 시간이나 공간이 주어지지
않았기 때문일 수도 있다. 때로는 충분한 기회가 주어지긴 하지만 그
것에 집중하지 못하기 때문일 수도 있다.

자신의 복잡미묘한 감정이나 느낌을 잘 표현하는 능력은 의사소통 능력을 풍부하게 해주기 때문에 누구에게나 귀한 재산이 된다. 그런데 이것은 어른이 되었다고 해서 저절로 갖게 되는 것은 아니다. 어려서부터 자신의 생각을 자주 표현해보고, 아울러 그에 필요한 단어들을 많이 경험하는 것이 좋다.

아이들과 함께 감정을 나타내는 단어들을 모아보자. 물론 재미있는 게임을 하듯이 즐겁게. 이렇게 하면 여러 가지 감정들에 대해 이야기해볼 기회를 많이 얻을 수 있다.

감정을 나타내는 단어

화난	못된
심술궂은	비위 상하는
언짢은	자랑스러운
아주 기쁜	조용한
힘이 넘치는	괘씸한
불안한	슬픈
까다로운	소심한
행복한	불편한
무관심한	안절부절못하는
시샘하는	지친
친절한	흥분한
사랑스러운	속좁은
비참한	원기 왕성한

이제 감정을 나타내는 단어들을 문장 속에 넣어보자.

나는 쇼핑을 갔을 때 불쾌했다.
어제 나는 슈퍼마켓에서 할머니께 드릴 오렌지를 샀기 때문에
기분이 날아갈 듯 아주 좋았다.
나는 엄마가 슈퍼마켓에 가야 한다고 했을 때
화가 나고 심술이 났다. 하지만 할머니께 드릴 오렌지를
산다는 말에 기분이 좀 나아졌다. 왜냐하면 나는
할머니를 무지무지 사랑하기 때문이다.

이렇게 아이가 사용할 수 있는 어휘, 특히 감정 표현에 관한 단어들을 익히게 해주는 것은 곧 아이가 사건과 감정을 정확하게 묘사할 수 있도록 도와주는 것을 의미한다.

단어, 단어, 또 단어

   아이들은 무엇을 설명하든 '좋아한다' '싫어한다' '멋지다' '훌륭하다' '지겹다' 와 같은 단어들만 계속해서 사용할 때가 있다. 저녁 식사가 멋졌고, 그녀의 점퍼도 멋졌고, 그녀가 가장 좋아하는 텔레비전 프로그램도 멋지고, 그녀의 생일 파티도 멋졌고, 2주일 간의 디즈니 랜드 여행도 멋졌고, 그녀의 햄스터도 멋지고, 여동생도 멋지다!

   이처럼 똑같은 단어 주위에서 맴돌 때 아이들의 어휘 실력을 향상시키는 좋은 방법이 있다. 그 하나가 비슷한 뜻을 가진 단어를 다양하게 써보는 것이다. 이때는 사전을 적극 활용해보자.

1. 우선 '저녁 식사는 멋졌다' 와 같은 문장 하나를 선택한다.
2. 문장 중에서 '멋지다' 를 대신할 만한 단어를 아이가 알고 있는

지 먼저 생각해보게 한다.

저녁 식사는 맛있었다.

저녁 식사는 즐거웠다.

3. 그런 다음엔 사전에서 '맛있다' '멋지다' '즐겁다' 를 찾아보고 그와 비슷한 뜻의 단어가 있는지 함께 살펴본다. 이때 부모가 알고 있는 새로운 표현을 말해주어도 좋을 것이다.

저녁 식사는 흥겨웠다.

저녁 식사는 훌륭했다.

저녁 식사는 아주 행복했다.

저녁 식사는 정말 만족스러웠다.

4. 이제는 '저녁 식사는 멋졌다' 라는 문장을 더욱 발전시키는 방법뿐만 아니라, '저녁 식사는 멋지지 않았다' 처럼 완전히 반대되는 뜻의 문장도 만들어본다.

저녁 식사는 아주 맛이 없었다.

저녁 식사는 지긋지긋했다.

저녁 식사는 끔찍했다.

저녁 식사는 정말이지 괴로웠다.

저녁 식사는 지루했다.

문장 이어가기

문장 이어가기는 아이들의 글쓰기 능력을 키워주는 멋진 방법이 될 수 있다. 아이가 백지를 앞에 놓고 혼란스런 표정을 짓고 있거나 뭔가를 써보려고 하지만 요점을 잡지 못한다면 간단한 문장 하나로 시작하자. 문장은 교과서 속에 있는 것이어도 되고, 부모나 아이가 쓰고 싶어하는 것이라면 어떤 것이든 괜찮다.

처음 문장에 부모가 한 문장을 더하고 아이가 그 다음 문장을 더한다. 이런 식으로 이야기가 계속 굴러가는 것이다.

감사의 편지

앤 이모에게(아이)

선물을 보내주셔서 감사합니다.(부모)

점퍼가 아주 마음에 들어요.(아이)

색깔도 제가 제일 좋아하는 거예요.(부모)

일요일에 입었어요.(아이)

엄마는 내가 아주 멋져 보인대요.(부모)

사랑을 가득 담아 보냅니다.(아이)

사건

바닷가에 갔다.(아이)

조금 추웠다.(부모)

형은 파도타기를 하려고 애썼다.(부모)

나도 형처럼 수영을 하고 싶었지만 나는 수영을 못한다.(아이)

우리는 나의 가장 친한 친구네 집에 놀러 갔다.(부모)
우리는 바비큐를 먹었고 그 다음에 친구랑 수영을 했다.(아이)

신나고 재미있는 말놀이

아이들이 좋아하는 또 다른 훈련 방법은 같은 글자가 들어 있는 단어들을 모두 떠올려보는 것이다.

가을　가다　가방　가볍다　가로수　가면
가장자리　가랑비　가족　가축　가야금　가장무도회

이 단어들을 가지고 문장을 만들어본다.

나는 가을이 되면 가족과 함께 여행을 가곤 한다.

비슷한 음을 가진 단어들을 섞어서, 발음하기 어려운 문장을 만들어보는 것도 재미있다.

간장 공장 공장장은 김 공장장인가 장 공장장인가?

전과 후에 무슨 일이 일어났을까?

문장 하나를 읽고 그 전과 후에 어떤 일이 벌어졌을지, 또 벌어질지를 상상하여 문장을 만드는 활동이다.

땅바닥에 떨어져 있는 1달러

땅바닥에 1달러가 떨어져 있었다.

1달러가 땅바닥에 떨어져 있기 전에는 어디에 있었을까?

그 1달러는 어린아이의 손에 들려 있었는데 실수로 떨어뜨렸다.

어린아이에게는 무슨 일이 일어났을까?

그 아이는 돈을 잃어버린 걸 알고는 울음을 터뜨렸다.

그 후 1달러에는 무슨 일이 일어났을까?

1달러는 여전히 그 자리에 떨어져 있었는데
잠시 후 비가 내리기 시작했다.

그 다음엔 무슨 일이 일어났을까?

한 남자가 지나가다가 동전을 집어들었다.

그 남자는 어디서 왔을까?

그 남자는 일을 마치고 집으로 가는 길이었다.

그는 동전을 어디에 넣었을까?

그는 양복 안주머니에 돈을 집어넣고는 단추를 채웠다.

아마도 아이는 자기 나름대로 계속해서 이야기를 꾸미고 싶어할 것이다. 그렇지 않다면 부모가 이야기의 끝에 이를 때까지 아이를 계속 도와준다.

접속사를 이용해 긴 문장 만들어보기

언제, ~까지, 전에, 그리고, 그러나, 그렇지만, 하지만, 그래서, 하지 않으면, 그러므로, 따라서, 왜냐하면 등과 같은 접속사를 사용하여 짧은 문장을 긴 문장으로 바꿔보는 훈련을 한다.

우선 아이에게 문장 하나를 쓰라고 한다.

나는 문방구에 갔다.

그런 다음, 아이가 문장 끝에 '왜냐하면'이라는 단어를 쓸 수 있는지 알아본다.

나는 문방구에 갔다. 왜냐하면 학용품이 필요하기 때문이다.

그리고 또 다른 접속사를 쓸 수 있는가?

나는 문방구에 갔다.
왜냐하면 개학하기 전에 학용품을 준비해야 하기 때문이다.
그런데 아이들이 너무 많아서 물건을 마음대로 고를 수가 없었다.

아이디어 풀어놓기

인터뷰하기

이것은 글쓰기를 어려워하는 아이가 글의 주제를 스스로 정하거나, 자신이 가진 아이디어를 풀어놓게 하는 데 도움이 된다.

인터뷰에는 일상적인 질문들, 예를 들어 '누가? 무엇을? 언제? 왜? 어떻게?' 등과 같은 질문을 비롯하여 '~하니? ~이니? ~할 수 있니? ~할 거니? ~했지? ~할래? ~해줄래?' 와 같은 질문을 넣을 수 있다.

우선 가족을 대상으로 해서 인터뷰할 질문거리를 만들어보게 한다. 마치 방송에 나오는 리포터처럼.

이 찌개가 무척 맛있군요. 이건 무엇으로 만든 거죠?

최근에 가장 재미있게 읽은 책은 뭔가요?

아이가 말썽을 부릴 때는 어떻게 하시나요?

어떤 내용이든 자유롭게 질문할 수 있도록 편안한 분위기를 조성해준다. 이렇게 질문을 한 다음엔 그 내용을 문장으로 정리해보도록 한다.

어느 날 딸아이가 짜증난 표정으로 학교에서 돌아와서는 로마 시대의 일상 생활에 관해 글을 써가야 한다고 하면 어떻게 하겠는가?

아이와 함께 로마 시민에게 인터뷰를 할 수 있다면 무엇을 물어보고 싶은지 질문 목록을 정리해본다.

가족과 함께 살고 있나요?

가난한가요, 아니면 부자인가요?

스포츠를 할 줄 아세요?

휴가를 가실 건가요?

좋아하는 음식이 있나요?

검투사를 보러 갈 건가요?

당신은 군대에 갈 수 있나요?

식구는 몇 명인가요?

생일에 어떤 선물을 받았나요?

당신은 양식을 어디서 구하나요?

약간의 상상력을 발휘하여 이와 같은 질문에 대답해봄으로써 한 페이지짜리 숙제를 멋지게 해낼 수 있을 것이다. 아이가 로마 시대의 생활상을 탐구하는 데 관심이 있다면 백과사전이나 전문 서적을 이용해도 좋을 것이다.

생각의 고리 연결하기

아이와 같이 책상 위에 놓을 물건을 여섯 개(그 이상이어도 된다)고른다. 그런 다음 되도록 자세히 물건에 관해 묘사해본다.

어떻게 생겼는가?
무엇에 쓰는 물건인가?
어떤 색깔인가?

책상 위에 공, 지우개, 클립, 만화책, 장난감 자동차, 오렌지 껍질을 놓았다고 생각해보자.

공은 노란색이고 고무로 만들었으며 크기는 작다.
나는 친구한테 그 공을 던진다.

지우개는 원래 하얀색이었는데 지금은 지저분해져서 회색으로 변했다.

빨간색 클립은 플라스틱으로 만들어졌으며,
엄마가 영수증을 보관하는 데 사용한다.

이것은 내가 가장 좋아하는 만화책이며,
신나는 모험 이야기로 되어 있어서 아주 재미있다.

장난감 자동차는 파란색이고 아주 오래 된 것인데
예전에 가지고 놀던 것이다.

우연히 침대 밑에서 오렌지 껍질을 찾아냈다.

이제는 이 문장들을 하나로 연결할 수 있는지 살펴보자.

엄마는 내가 만화책을 사던 날, 가게에서 장난감 자동차를 사주셨다. 엄마는 그 영수증을 다른 것들과 함께 클립으로 꽂아 보관해두셨다. 영수증을 서랍 안에 넣을 때 엄마는 지우개를 찾아서 내가 노란 공을 가지고 놀던 내 방에 갖다두셨다. 그런데 공이 바닥으로 굴러서 엄마는 공을 주우려고 몸을 구부렸다가 오렌지 껍질을 발견하셨다.…

이야기 상자 만들기

모자, 연필, 가방 등과 같이 간단한 물건을 하나 골라 이야기를 만들어보자. 자, 이야기 소재를 '모자'로 정했다면 모자의 여러 가지 종류와 모자를 쓰는 사람, 그리고 모자를 쓰는 이유, 모자를 만드는 재료 등을 목록화하는 것이다.

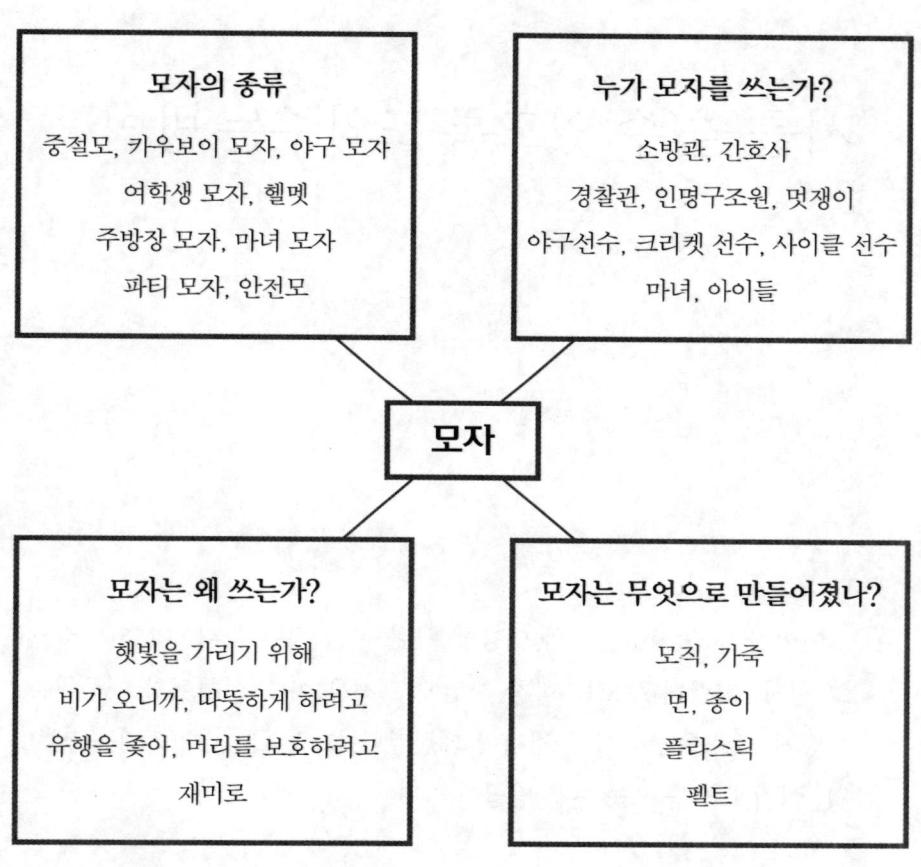

모자의 종류

중절모, 카우보이 모자, 야구 모자
여학생 모자, 헬멧
주방장 모자, 마녀 모자
파티 모자, 안전모

누가 모자를 쓰는가?

소방관, 간호사
경찰관, 인명구조원, 멋쟁이
야구선수, 크리켓 선수, 사이클 선수
마녀, 아이들

모자

모자는 왜 쓰는가?

햇빛을 가리기 위해
비가 오니까, 따뜻하게 하려고
유행을 좇아, 머리를 보호하려고
재미로

모자는 무엇으로 만들어졌나?

모직, 가죽
면, 종이
플라스틱
펠트

　각 상자에서 단어를 하나씩 골라서 이야기로 엮어넣을 수 있는지 알아본다. 먼저 주제에 대해 생각할 시간을 갖고 단어들을 메모하고 정리하게 하면 아이는 이야기의 개념에 쉽게 도달할 것이다.

시를 쓸 수 있도록 도와주는 방법

아이가 학교에서 돌아와 여름에 관한 시를 써야 하니까 도와달라고 한다. 그런데 부모는 학창 시절에도 시를 아주 싫어했기 때문에 어떻게 도와주어야 할지 걱정이 태산같다. 그렇다고 당황하지는 말 것! 여기에 시를 쓰는 쉬운 방법이 있다.

감각 자극하기

부모의 질문	아이의 시
◆ 더운 여름철을 상상해봐. 뭐가 보이니? ◆ 무슨 냄새가 나지?	◆ 운동장에서 아이들이 놀고 있는 게 보여요. ◆ 바비큐 냄새요.

◆ 무슨 소리가 들리니?	◆ 개 짖는 소리요.
◆ 어떤 느낌이 드니? 감촉 말이야.	◆ 새로 산 비치 타월이오.
◆ 어떤 맛이 나지?	◆ 생선과 감자 튀김이오.

이렇게 자유롭게 떠오르는 생각과 기억들을 정리함으로써 여름에 관한 시를 쓸 수 있다.

사물을 묘사해보기

시라고 해서 위대한 사랑이나 특별한 아름다움만을 표현하는 것일 필요는 없다. 시는 부엌이나 신발처럼 아주 익숙한 것에 관한 묘사일 수도 있다! 그렇다면 '이것은 ~이다' 식으로 사물을 정의하고 묘사해보게 한다.

이것은 음식을 신선하게 해주는 냉장고이다.
이것은 문에 걸려 있는 가방이다.
이것은 칼과 포크가 들어 있는 서랍이다.
이것은 어두울 때 켜는 전등 스위치이다.
이것은 세수할 때 쓰는 세면대이다.
이것은 과자를 숨겨두는 찬장이다.

아이가 시를 쓸 때마다 큰 소리로 읽게 하여 단어가 만들어내는 리듬과 운율을 느끼도록 한다.

후렴구 붙이기
짤막한 후렴구를 이용하면 별개의 생각들이 모여 한 편의 시가 될
수 있다.

시계는 춤을 춘다
똑딱 똑딱
주전자는 보글
똑딱 똑딱
엄마가 들어오고
똑딱 똑딱
텔레비전이 켜진다
똑딱 똑딱
차를 쪼르륵 따른다

삼행시 짓기
주어진 시의 주제를 가지고 삼행시를 지어보게 한다. 예를 들어
'쓸쓸한 가을' 이라고 하면 위에서부터 아래로 한 글자씩 적어놓는다.
그리고 나서 아이에게 각각의 글자로 시작하는 문장을 생각해서 써
보도록 하는 것이다.

쓸쓸하게 홀로 앉은 새 한 마리가
쓸쓸한 마음으로 노래를 부른다
한없는 그리움으로
가을 하늘을 바라보는 어린 새

5

수학을 배우기 시작하는 아이들

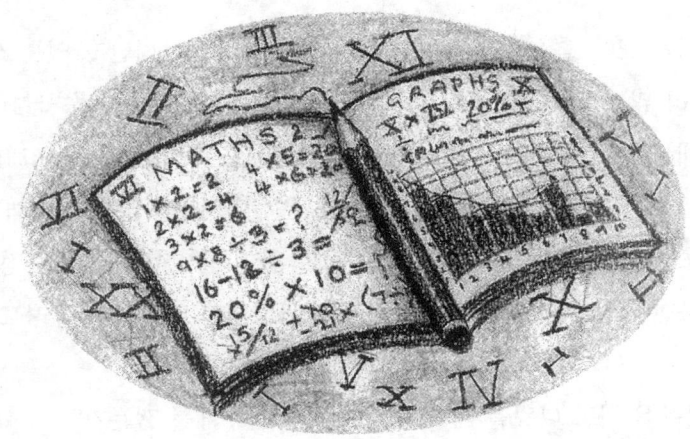

수학의 기초를 잡아주는 일,
어렵지 않다

    우리는 모두 훌륭한 수학자들이다. 하지만 그걸 깨닫고 있는 사람은 그리 많지 않다. 어떤가, 한 번이라도 자신을 훌륭한 수학자라고 생각해본 적이 있는가. 아마 학교에 다닐 때도 수학을 잘했다고 자신 있게 말할 수 있는 사람보다 그렇지 않은 사람이 더 많지 않을까. 그럼에도 우리는 모두 훌륭한 수학자라고 감히 단언할 수 있다. 정말? 그렇다면 오늘 여러분들이 수학적으로 사고했던 일들을 떠올려보자.

- ◆ 목욕을 하고 나왔을 때 체중계에 올라 몸무게를 쟀는가?
- ◆ 버스 요금을 내려고 잔돈을 준비했는가?
- ◆ 슈퍼마켓에서 물건을 사기 전에 가격을 비교했는가?
- ◆ 오늘 아침 아이들이 학교에 지각하지 않도록 시간 맞춰 등교시켰

는가?

◆ 텔레비전에서 어떤 프로그램을 볼지 체크했는가?

이것이 다 수학이란 거 아닌가!

우리는 매일매일 스스로는 잘 깨닫지 못하겠지만 항상 계산을 하며 살아간다. 수학을 아주 단순화시켜 말한다면 어떤 사물이나 일의 수량을 측정하고 계산하는 것이라 할 수 있다. 사례를 좀더 알아보자.

◆ 지금 내 지갑 속에는 돈이 얼마나 남아 있을까?

◆ 내 차에는 몇 명의 사람을 태울 수 있을까?

◆ 냉장고에는 4인분 음식 재료만 남아 있는데, 느닷없이 3명의 손님이 들이닥쳤다. 얼마나 더 준비하면 될까?

◆ 남편 월급만으론 입에 풀칠하기에도 모자란다. 이번 달 적자를 어떻게 메우지? 살려줘!

◆ 여동생네 집에서 카펫을 가져와 우리 집 거실에 깔았다. 그럼 얼마나 절약된 거지?

◆ 연말 보너스를 타면 크리스마스 때 아이들에게 선물을 해줄 수 있을 것 같다. 그런데 세 명의 아이들에게 똑같은 액수의 선물을 사주려면 얼마씩 쓰면 될까?

만약 이런 계산을 어렵지 않게 해낸다면 얼마든지 아이들에게 수학의 기초를 잡아줄 수 있다.

173

꼭 배워야 할 수학 요소들

더하기	빌리기	셈하기
도형	그래프	숫자
등호(부등호)	킬로그램	숫자 단위(일, 십, 백, 천)
곱하기	나누기	빼기
시간 단위(연, 월, 일, 시, 분)		연습하기
주문하기	질문하기	읽기
쓰기	듣기	0의 개념
기호	용적	각도

$$10 \times 30 = 300$$
$$9 \div 96 + 20 = ?$$

수학 언어에 익숙해져야 한다

아이가 수학을 못한다고 생각된다면 먼저 수학 문제에서 쓰이는 단어들이 무슨 뜻인지 알고 있는지부터 살펴보라. 수학 용어를 잘 이해하는 아이들은 어떠한 수학 문제가 나오더라도 질문에 정확히 답할 수 있다. 더하다, 빼다, 나누다, 보다 많다, 보다 적다, 보다 크다 등 기본적인 수학 개념을 익히는 것은 아주 중요한 첫걸음이 된다. 또 이런 단어들을 알기만 하면 손가락을 이용해 숫자를 세는 것이 훨씬 쉬워진다.

나와 형은 각각 50센트씩 갖고 있는데, 서로 합하면 1달러가 된다.

50센트 + 50센트 = 100센트(1달러)

형은 그 돈으로 사탕 10개를 사서 나에게 4개를 주었다.

10개−4개＝6개

형이 나보다 더 많이 가졌고, 나는 형보다 덜 가졌다.

6개〉4개

엄마가 그러는데, 우리가 가진 사탕의 수가 서로 다르다고 했다.

6개−4개＝2개

엄마는 공평하게 나눠 가져야 한다고 얘기하고는,
형한테 1개를 가져와서 나한테 주셨다.

6개−1개＝4개＋1개

결국 우리는 10개의 사탕을 똑같이 나누어 먹게 되었다.

10개÷2＝5개

수학은 생활이다. 따라서 수학 개념을 따로 설명할 것이 아니라 생활 속의 개념으로, 또 쉬운 말로 설명해줄 필요가 있다. 수학이 골치 아픈 교과서나 어려운 문제집 속에만 존재하는 것이 아니라 우리 생활의 한 부분임을 깨닫는 순간 아이들은 수학을 좋아하기 시작할 것이다. 그리고 더욱 중요한 것은 한 가지라도 아이가 분명히 무슨 뜻인지 이해하고 넘어가도록 해야 한다.

수학을 처음 시작하는 아이들 경우에는 문제를 많이 풀기보다 적은 문제라도 확실히 이해하는 것이 중요하다.

수학 문제를 잘 해결할 수 있는 또 하나의 방법은 연속성의 개념을 깨우치는 것이다. 그러기 위해선 무엇이 어디에 있는지 묘사하는 방법을 가르쳐주어야 한다.

그것은 텔레비전 **앞에** 있다.
나는 창문 **옆에** 앉아 있다.
우리 집은 두 개의 상점 **사이에** 있다.
나는 장난감을 침대 **아래에** 넣어둔다.
나는 우유를 냉장고 **안에** 넣는다.

대부분의 수학 문제는 연속성과 관련이 있는데, 이 연속성이란 하나의 숫자와 다른 숫자와의 관계(순서)를 일컫는다.

숫자 7의 바로 **앞에** 있는 숫자는 무엇인가?
숫자 16의 바로 **다음에**는 어떤 숫자가 오는가?
숫자 15와 17 **사이에**는 어떤 숫자가 놓이는가?

처음으로 숫자를 세기 시작하는
아이들을 위하여

아이가 막 숫자 세기를 배우기 시작했으면 빨래통 속의 양말 숫자부터 잔디밭에서 모이를 쪼는 새의 숫자까지 무엇이든 아이와 함께 세어본다. 숫자를 셀 때마다 큰 소리로 센다. 이렇게 하면 아이들은 숫자를 셀 때의 리듬을 알아듣게 된다.

하나……둘……셋……넷……다섯……여섯……

물건의 수를 셀 수 있다는 것은 왜 그렇게 많은 수가 필요한지를 이해하는 데 중요한 요소가 된다. 아이에게 서랍 속에 들어 있던 숟가락을 모두 꺼내게 해서 일렬로 늘어놓게 한 다음 하나씩 세어보도록 한다. 아이는 큰 소리로 숫자를 세어가면서 일일이 숟가락을 다만지게 될 것이다. 아니면 손이라도 대볼 것이다. 이것이 바로 '일대일 대응'의 개념을 익혀주는 것이다. 즉, 숫자와 그에 대응하는 물건을 서로 연결시켜준다는 의미이다.

집안일을 수학으로 연결시키기
빨래 더미가 어떻게 변할까?

장난감을 치우거나 빨래를 하거나 청소하는 것을 아이가 도와줄 때 숫자를 셀 수 있는 기회를 많이 주면 아이는 물건이 언제 한 장소에서 다른 장소로 이동되는지를 서서히 깨닫게 된다. 그리고 물건이 어떻게 변화하는지도 자연스럽게 알게 된다.

◆ 한쪽 빨래 더미가 작아지면 다른 쪽 빨래 더미는 더 커진다.
◆ 각각의 물건을 한 번에 한 개씩 세어나가면 합은 똑같아진다.
  아니면 두 개의 더미를 쌓은 다음 각각의 더미를 세어보고, 그런 다음 모두 합해도 된다.
◆ 각각의 더미는 모두 합쳤을 때보다 숫자가 적다.

얼마나 오랜 시간이 걸리는가?

부모가 알려주는 시간과 실제 시계 바늘이 가리키는 시간이 서로 일치한다는 사실을 알게 해주면 아이는 저절로 시간 읽는 법을 터득하게 된다.

우선, 아이에게 지금부터 5분 동안 청소를 할 것이라고 말해준다. 그런 다음 시계를 보면서 정확한 시각에 맞춰 청소를 끝마친다. 이렇게 하면 아이는 5분이라는 시간의 길이에 익숙해질 것이다. "5분 안에 준비할게" 또는 "10분 후에 저녁 식사를 할 거야" 등의 표현은 아이가 시간을 이해하는 데 도움을 준다.

이 더미는 어디에 속할까?

아이의 장난감을 색깔과 모양, 크기에 따라 분류하는 방법을 가르쳐준다. 그리고 아이 스스로 분류해볼 수 있는 기회를 많이 제공한다. 수학은 논리와 유형에 관한 것이므로 이렇게 하면 수학 개념을 이해하는 데 도움이 된다.

숫자 5 만들기

손가락 다섯 개를 이용하여 아이에게 숫자 두 개를 더해서 또 다른 숫자를 만들어내는 법을 가르쳐줄 수 있다. 처음 시작할 때는 한 손만 가지고 한다. 나머지 한 손은 손가락을 펴거나 구부릴 때 사용한다.

먼저, 아이에게 손가락 한 개를 들어올리게 하고 그 다음 손가락도 차례대로 올리게 한다. 그런 후 숫자를 센다.

"하나 더하기 하나는 둘."

그리고 계속해서 하나씩 더 들어올리면서 숫자를 세어나간다. 그때 엄마가 옆에서 큰 소리로 말해준다. "하나 더하기 하나는 둘." 아이로 하여금 따라하도록 유도하면 더욱 좋다. 이렇게 계속해서 손가락을 하나씩 더 세우게 하면서 다섯이 되는 것을 직접 경험하도록 한다.

이런 연습을 많이 하면 어느 날 아이는 손가락을 이용하지 않고서도 대답을 할 수 있게 된다.

물론 이것을 할 때도 너무 조급해서는 안 된다. 이런 식의 훈련을 하는 데는 시간이 오래 걸릴 수 있다. 하지만 아이는 적어도 자기 손가락이 더하기를 하는 데 사용될 수 있다는 것은 금방 깨닫게 된다. '걸어다니는 계산기' 말이다!

숫자 10이 되는 방법만 알면 수학의 기본기는 완성

우리는 십진수 체계 안에 살고 있다. 10이 되는 방법만 알면 100, 1000은 물론 1백만까지도 쉽게 터득할 수 있다. 아이들은 누구나 자기가 10에다 10을 더하면 20이 되고, 10이 10개 모이면 100이 된다는 사실을 알아내게 되면 기뻐 어쩔 줄을 모른다!

자, 그럼 이것을 깨닫는 데 꼭 필요한 기본 요소들을 알아보자.

◆ 10개의 손가락에서 십진법이 생겨났다.

◆ 모든 숫자는 0, 1, 2, 3, 4, 5, 6, 7, 8, 9라는 열 개로 나타낸다.

◆ 글자 하나하나가 모여 단어를 만드는 것처럼 모든 숫자도 0~9로 만들어낸다.

◆ 숫자 0은 만질 수 있는 사물을 묘사하는 게 아니기 때문에 손가락으로 셀 수 없다. 0은 다만 아무것도 없다는 것을 알려줄 뿐이다.

어떤 아이든 10까지는 쉽게 말할 수 있다. 또한 숫자가 어떻게 구성되는지를 알면 10이라는 숫자는 여전히 아주 쉬운 개념으로 받아들인다. 자신이 잘 알고 있는 0과 1이 합쳐져 새로운 숫자가 되는 것이다. 하지만 어떤 아이들에겐 이것이 어려운 문제일 수도 있다. 10

이라는 숫자를 설명할 때는 다음과 같은 이야기 한 편을 이용해보자.

아주 먼 옛날엔 계산기가 없었거든. 사람들은 물건을 셀 때 손가락밖에는 이용할 수가 없었지. 그래서 모두들 하나, 둘, 셋, 넷, 다섯, 여섯, 일곱, 여덟, 아홉, 열. 이렇게 열까지 세고는 다시 하나부터 세기 시작했단다. 손가락은 모두 열 개밖에 안 되니까 말이야.

그런데 아주 똑똑한 사람이 한 명 있었어. 그 사람은 지혜로워서 많은 물건들을 셀 때 돌멩이를 이용해보기로 했단다. 그러니까 열까지 센 다음에 돌멩이를 하나씩 가져다놓으면서 기록을 한 거야. 하나부터 열까지 세면 돌멩이를 하나 갖다놓고, 또 하나부터 열까지 세면 또 돌멩이를 갖다놓고 하는 식으로 말야. 그런 식으로 필요한 만큼 모든 것을 다 셀 수 있었대.

자, 그러니까 돌멩이 하나는 10개라는 뜻이지. 그 사람은 돌멩이 무더기를 세고, 그런 다음 마지막에 손가락으로 숫자를 세었대. 10개짜리 숫자는 왼쪽에 쓰고 나머지 수는 오른쪽에 쓴 거야.

사람의 손가락은 10개뿐이기 때문에 그 이상은 없어. 그러니까 1은 '10개짜리 하나'가 되고 '0은 아무것도 없는 것'이 되지. 즉 '10=10개짜리 한 묶음과 0'이 되는 거란다.

그럼 숫자 65는 뭘까? 돌멩이 6개와 손가락 5개가 되는 거지. 이렇게 세어나가면 그보다 훨씬 많은 숫자도 쉽게 셀 수 있단다.

숫자 0의 비밀

0은 아주 중요한 개념이다. 따라서 0이 무엇을 뜻하는지 설명하지 않고 건너뛰는 법이 없도록 조심하자. 대부분 사람들은 0을 아무것도 아닌 것이라고 생각하는 경향이 있어서 0이 왜 진정으로 존재하는지를 쉽게 무시해버린다. 하지만 숫자에서 0은 매우 중요한 의미를 가진다.

10 : 여기서 0은 1이 10의 가치가 있음을 말해준다. 만약 0이 없다면 1은 1의 가치밖에 없을 것이다.

100 : 여기서 0은 1이 100의 가치가 있음을 말해준다. 만약 0이 없다면 1은 여전히 1의 가치밖에는 없을 것이다. 즉, 0이 몇 개 있느냐에 따라 10 혹은 100, 1000의 가치를 갖게 된다.

또 0은 다음과 같은 역할을 한다.

◆ 무언가에 아무것도 더하지 않으면 아무런 차이가 없다.(3+0=3)
◆ 무언가에 아무것도 빼지 않으면 아무런 차이가 없다.(3- 0=3)
◆ 하지만 무언가를 0으로 곱하면 전체를 잃어버리게 된다.(3 ×0=0)

아이들에게도 숫자 0이 단순히 아무것도 아닌 게 아니라, 이렇게 다양한 역할을 할 수 있다는 사실을 깨우치게 하자. 마치 0을 재미있는 장난감처럼 느끼도록 말이다.

손가락 셈에서 한 걸음 더
나아간 아이들을 위하여

아이들은 우선 10까지 셀 줄 알아야 한다. 그 다음엔 입으로 하는 말을 숫자와 연결시킬 줄 알아야 한다. 이때 냉장고에 숫자 자석을 붙여놓으면 도움이 된다. 이 과정을 끝낸 후에는 20까지 세는 법을 가르쳐도 된다. 아이에게 10까지 세는 데 사용된 숫자들이 어떻게 20까지 세는 데도 사용되는지 알려준다.

진도는 조심스럽게 나아가야 한다. 아이가 숫자를 제대로 세지 못하면 이해하는 부분으로 다시 돌아간다. 아이가 올바로 숫자를 세기 시작하면 칭찬을 많이 해준다. 성취감을 만끽하도록.

숫자판 만들기

10단위의 숫자는 상호보완적이다. 아이들은 어떤 물건 10개들이가 어떻게 10개짜리 하나가 되는지 배워야 한다. 1센트짜리 동전 한 무더기를 준비한 다음(아이의 저금통을 털어도 된다) 동전이 모두 몇 개나 있는지 세어보게 한다. 10개가 넘으면 아이에게 10개씩 한 무더기로 따로 모아놓게 하고, 나머지도 계속 그런 식으로 모아놓게 한다.

43개의 동전이 있다고 치자. 그러면 10개짜리 무더기는 4개가 되고 동전 3개가 남을 것이다. 아이가 1센트짜리 무더기를 쌓을 때마다 10센트짜리 지폐로 바꿔준다.

이런 식으로 아이에게 숫자표를 만들게 하는 방법이 있다. 이것은 100까지 숫자를 세는 데 아주 훌륭한 연습이 된다.

자, 그럼 종이에 100개의 칸을 그리고 다음과 같이 빈칸에 숫자를 채워넣어보자.

1	2	3	4	5	6	7	8	9	10
11	12	13	14	15	16	17	18	19	20
21	22	23	24	25	26	27	28	29	30
31	32	33	34	35	36	37	38	39	40
41	42	43	44	45	46	47	48	49	50
51	52	53	54	55	56	57	59	59	60
61	62	63	64	65	66	67	68	69	70
71	72	73	74	75	76	77	78	79	80
81	82	83	84	85	86	87	88	89	90
91	92	93	94	95	96	97	98	99	100

아이에게 1부터 시작해서 각 빈칸에 1센트씩 놓게 하는데, 한 칸도 그냥 지나치지 않도록 한다. 한 줄이 다 찰 때마다 아이에게 10센트 짜리를 하나씩 가지도록 한다.

바꾸기 놀이

아이들은 각각 한 줄에 10개의 칸을 그리고 1부터 10까지의 숫자를 채워넣는다.

1	2	3	4	5	6	7	8	9	10

다시 10개의 칸을 그리고, 이번엔 10부터 100까지 써넣는다.

10	20	30	40	50	60	70	80	90	100

첫번째 아이가 주사위를 던져 1~6 중에 하나의 숫자가 나오면 그에 해당하는 숫자만큼의 동전을 해당 숫자의 도표에 올려놓는다. 다른 아이도 마찬가지로 게임을 한다.

동전 10개 이상의 숫자가 나오면 큰돈으로 바꾸어 그것을 두번째 도표에 올려놓는다.

아이들은 자기 차례가 돌아왔을 때 어떤 일이 일어났는지 말로 설명해야 한다.

아까는 5가 나왔는데 이번엔 6이 나왔네. 자, 그럼 5 더하기 6은 11이니까 10센트짜리 하나(이때 돈을 바꾼다)랑 동전 하나가 되네.

186

이 놀이는 얼마나 많은 물건을 똑같은 가치의 또 다른 물건과 교환할 수 있는지를 자연스럽게 깨닫게 해준다. 사실 이것은 매우 어려운 개념이다. 하지만 실제 물건을 가지고 놀이처럼 재미있게 반복하다 보면 말로는 설명하기 힘든 개념도 저절로 깨우치게 된다.

주사위 던지기

주사위를 2개 만들자. 하나는 숫자 1~6까지 써 있그, 다른 하나는 7, 8, 9, 0, 0, 0(0이 3개)이 써 있는 주사위이다. 두번째 주사위가 필요한 이유는 두 주사위의 합친 숫자가 6 이상이거나 0을 포함한 숫자만큼 던질 수 있도록 하기 위해서다.

자, 이번엔 숫자표를 만들어 1부터 100까지 써넣는다.

첫번째 아이가 주사위 2개를 던져 6과 8이 나왔다고 하자. 그러면 숫자를 68이나 86으로 정한 다음 숫자표의 해당 칸에 빗금을 긋는다.

이 놀이의 목적은 정해진 시간 내에 얼마나 많은 숫자들을 지워나갈 수 있는지를 보는 것이다. 게임을 하는 아이들은 나오지 않은 숫자를 채우기 위해 주사위 한 개를 2번 던져도 된다.

큰 수와 작은 수를 이해하기 위해 숫자표 활용하기

이것은 아이들이 하나의 숫자와 다른 숫자가 어떤 관계를 갖고 있는지를 깨닫게 해주는 데 도움이 된다.

먼저, 부모가 숫자 하나를 정한다. 하지만 아이에게 정한 숫자를 말해주어서는 안 된다. 이번에는 아이가 숫자표를 보면서 마음대로 숫자 하나를 고른다.

자, 엄마가 11을 골랐는데 아이는 82를 골랐다고 치자. 11은 82보다 작은 숫자이므로 손가락을 아래로 내려 신호를 보낸다. 아이는 숫자표를 살펴본 다음 6이라고 한다. 이번엔 그보다 큰 수를 생각해내야 하므로 손가락을 들어올린다. 그러면 그에 맞게 큰 수를 골라야 한다. 이런 식으로 해서 엄마가 고른 11을 맞추도록 한다.

어떤 이들은 '굳이 이런 게임까지 해야 할 필요가 있을까?' 하고 생각할 수도 있다. 하지만 과학 기술이 점점 발달함에 따라 아이들이 숫자를 연습할 기회가 줄어들고 있다. 물건을 살 때도 신용 카드로 계산하고, 연극표는 전화로 예매하고, 가스 요금은 자동이체로 해결해버리니까 말이다. 이는 요즘 아이들이 옛날에 우리가 그랬던 것처럼 매일매일의 대화에서 숫자에 관한 얘기를 듣지 못하게 되었다는 뜻이다. 그러니 이렇게 게임이라도 해야 할 밖에!

수학적 계산에 익숙해지는 방법

더하기

숫자들의 합을 계산할 때 가장 쉬운 방법은 '더하기'를 하는 것이다. 문자로 써 있는 더하기 문제를 할 수 있게 되기 전에 아이들은 다음과 같은 것을 먼저 배워야 한다.

- '더하기'를 나타내는 기호는 +이다.
- 더하기 기호는 두 개의 숫자를 한데 모아 숫자를 계속 세어나간다는 뜻이다.
- '똑같다'를 나타내는 기호는 =이다.
- 똑같다는 기호는 왼쪽에 있는 숫자들이 한데 합쳐져서 오른쪽에 있는 숫자와 똑같은 것이 된다는 뜻이다(5+3=8). 그리고 그 반대

의 경우도 마찬가지다(8=5+3).

◆ 손가락을 이용하여 10까지 더하기를 할 수 있어야 한다.

아이에게 더하기를 해서 10이나 그 이하의 숫자가 되도록 하는 연습을 반복, 또 반복해서 시킬 필요가 있다. 이때 숫자 0이 있다는 사실을 잊어서는 안 된다!

1+3=	2+2=	6+4=	1+1=
4+4=	3+1=	5+5=	2+0=
4+6=	4+0=	7+3=	0+2=
1+1=	0+4=	2+8=	3+3=

10보다 큰 수가 되면 어떤 일이 벌어질까?

아이가 더하기의 유형을 파악하기 시작하면 훨씬 쉬워진다.

◆ 5 더하기 4가 9라면, 15 더하기 4는 19가 되고, 115 더하기 4는 119가 된다.

◆ 5 더하기 3이 8이라면, 3 더하기 15는 18이 되고, 33 더하기 5는 38이 된다.

◆ 5 더하기 5가 10이라면, 5 더하기 15는 20이 되고, 115 더하기 5는 120이 된다.

빼기

빼기도 손가락으로 할 수 있다! 아이에게 숫자 10을 만드는 것이 무엇인지 떠올리게 하고 숫자를 적게 한다.

5 + 5 = 10

그런 다음, 아이에게 손가락을 보여달라고 한다.

그리고 나서 "손가락 다섯 개를 내려봐"라고 한 다음 무슨 일이 일어났는지 물어본다. 손가락 다섯 개를 내린다는 것은 손가락 다섯 개를 빼는 것과 같은 의미이다.

이렇게 한 후에는 기호를 사용하여 무슨 일이 일어났는지, 또 그것을 어떻게 쓰는지 알려주면 된다.

10 - 5

이번엔 마지막으로 몇 개가 남았는지 물어본 다음 답을 알려준다.

10 - 5 = 5

수학적 기호를 쓸 때는 그것이 말(언어)로 설명될 수 있는 것임을 자연스럽게 깨닫도록 이끌어주어야 한다. 그래야 수학적 기호를 낯설어하지 않는다.

♦ + 기호는 '더하기' '그리고' '추가' 라는 말로 표현할 수 있다.

♦ − 기호는 '빼기' '마이너스' '제거' '덜어내다' '줄어들다' 라는 말로 표현할 수 있다.

♦ = 기호는 '만들다' '똑같다' '같은' 이라는 말로 표현할 수 있다.

아이가 기호에 익숙해질 수 있도록 연습할 기회를 충분히 준다.

모두 더하기

더하기와 빼기에 사용한 시간은 아주 소중한 가치가 있다. 왜냐하면 더하기, 빼기는 아이가 이제부터 평생 동안 수학을 하는 데 있어 모든 것의 기초를 형성해주기 때문이다. 믿기 어렵겠지만, 한참 후에 아이가 푸는 대수 문제를 보면 $a+b=9$일 때 $a=4$이고 $b=5$라면 여전히 $4+5=9$라는 공식을 사용하고 있을 테니 말이다.

곱하기

곱셈은 같은 숫자의 반복적인 덧셈을 빨리 해결해주는 방법이다. $9+9+9+9+9$를 하면 45가 되는데 $9×5=45$가 된다. 답은 같지만 더하기보다 곱셈 방법이 훨씬 빠르지 않은가!

♦ × 기호는 '곱하기' '배수' '몇 배' '몇 세트' 라는 말로 표현할 수 있다.

곱셈을 가르치려면 다시 동전을 준비해야 한다. 아이에게 한 줌의

1센트짜리 동전을 준 다음 10개를 세어보라고 한다. 그런 다음 10개
짜리 동전 더미를 두 개씩 쌓으라고 한다. 그리고 아이에게 무엇을
갖게 되었는지 물어본다. 이때 아이의 대답이 예상했던 바가 아니라
고 해서 결코 실망하지 말 것! 부모가 바라는 것은 아이가 무슨 일이
일어나고 있는지 알게 하는 것이므로, 아이가 제대로 이해할 수 있도
록 계속해서 질문을 던진다. 아이가 혼란스러워하면 다시 처음으로
돌아간다.

부모 : 처음에 무얼 갖고 시작했지?

아이 : 1센트짜리 동전 더미요.

부모 : 그 동전 더미는 모두 얼마였지?

아이 : 10센트요(이때 숫자 10을 쓴다).

부모 : 그걸 갖고 우린 무얼 했지?

아이 : 나누었어요.

부모 : 어떻게 나누었지?

아이 : 동전 더미를 2개씩 나누었어요.

부모 : 동전 한 더미 속에는 1센트짜리 동전이 몇 개씩 있었지?

아이 : 두 개요(숫자 2를 쓴다).

부모 : 그렇게 했더니 더미가 모두 몇 개가 만들어졌지?

아이 : 다섯 개요(숫자 5를 쓴다).

부모 : 그럼 식탁에 뭐가 있는지 한번 말해볼래?

아이 : 동전 다섯 더미요.

부모 : 뭐가 다섯 더미 있지?

아이 : 1센트짜리 동전 두 개가 다섯 더미요.

부모 : 그렇구나. 그럼 그걸 글자로 어떻게 쓰는지 말해볼래? '더미'
　　　를 어떤 기호로 쓰는지 아니? 다 합치면 몇 개가 될까?(2×5라
　　　고 쓴다)

아이가 금방 이해하지 못한다고 해서 조금도 걱정할 필요는 없다.
이 단계에서 신경 써야 하는 것은 단위를 묶는 개념이다. 곱셈에서의
단위는 항상 일정하다. 2개씩 묶으면 2×, 3개씩 묶으면 3×, 100개
씩 묶으면 100×가 된다.

이번엔 아이에게 10개짜리 동전 더미를 5개씩 나눠서 쌓으라고 시
킨다. 이렇게 하면 아이는 2×5=5×2라는 것을 이해할 수 있을 것이
다. 물론 이해하지 못한다고 해도 걱정은 하지 말 것. 적어도 아이는
동전 더미가 단위별로 나누어진다는 것만큼은 확실히 알게 되었으니
까 말이다. 반복되는 경험과 스스로의 발견으로 아이는 서서히 이해
하게 될 것이다.

나누기

나누기를 연습할 때는 아이에게 항상 나누기는 곱하기의 일부라는
것을 알려준다. "동전 10개를 2개씩 묶으면 덩어리를 몇 개나 만들
수 있지?"라는 문제는 '10 나누기 2'와 같은 것이다.

나눗셈에 대한 또 다른 방식은 빼기를 반복해서 하는 것이다. 10에
는 2개 단위가 몇 개 있는지를 알아내려면 다음과 같이 한다.

1. $10 - 2 = 8$

2. $8 - 2 = 6$

3. $6 - 2 = 4$

4. $4 - 2 = 2$

5. $2 - 2 = 0$

답은 5이다. 10에는 2개짜리 더미가 다섯 개 있는 것이다.

어른들에겐 아주 쉬워 보일지 몰라도 아이들에겐 엄청나게 신비스러운 것일 수 있다는 사실을 명심하자. 모든 아이들은 연습을 해야 수학을 잘할 수 있다. 아이들이 무엇을 연습하는가는 그리 중요한 일이 아니다. 그러므로 부모가 노력해야 하는 것은 합을 이루는 것이 무엇인가에 대한 경험을 되도록 많이 해볼 수 있도록 이끌어주어야 한다. 합이란 어느 날 하늘에서 뚝 떨어지는 것이 아니며 언제나 그 뒤에 이야기가 숨어 있다.

이야기가 있다는 것을 이해하고, 나름대로 이야기 만들기를 즐기는 아이들은 수학에 부담을 느끼지 않는다. 어느 하나가 다른 것과 어떻게 관련되는지를 새롭게 알게 되면 아이들은 아주 기뻐할 것이다.

그림을 이용하는 것도 훌륭한 방법이다

아이에게 무슨 일이 벌어졌는지를 그림으로 그려보게 하면 개념을 이해하는 데 도움이 많이 된다. 예를 들어 어떤 수에 2를 곱하는 문제가 있다고 해보자. 이 문제를 푸는 데는 여러 가지 방법이 있다. 동그라미를 그리게 하면 아주 좋은데, 아이가 바닥에 원을 두 개 그리면, 동그라미 두 개가 모여 숫자 2를 만든다는 걸 금방 알 수 있다. 두 개의 원을 그릴 때마다 '2×' 문제가 어떻게 해결되는지 알 수 있는 것이다.

5×	○○	= 10
4×	○○	= 8
3×	○○	= 6
2×	○○	= 4
1×0	○○	= 2

단순히 동그라미를 그리는 대신에 구두나 양말, 또는 장갑 한 켤레를 이용할 수도 있다.

수학과 친구가 되는 방법들

수학 활동을 할 때 필요한 도구들

1. 키를 잴 수 있는 신장표
2. 시침과 분침, 눈금이 정확하게 그려진 시계
3. 저울
4. 자, 가위, 풀
5. 줄자
6. 돼지저금통
7. 메모판 : 시간표를 적어두거나 가족들의 생일이나 휴가가 얼마나 남았는지 등을 적어둘 수 있는 것
8. 퍼즐
9. 주사위
10. 블록

숫자를 셀 수 있게 하는 10가지 방법

아이에게 가르쳐야 할 것

1. 홀수와 짝수
2. 위치를 묘사하는 단어들 : 옆에, 나란히, 사이에, 앞에, 뒤에 등
3. 수평선과 수직선을 그리는 방법
4. 도형 : 삼각형, 사각형, 원형, 사다리꼴, 마름모 등
5. 자를 이용하는 방법
6. 1분은 60초, 1시간은 60분, 하루는 24시간, 1주일은 7일, 1년은 52주
7. 첫번째, 두번째, 세번째, 네번째, 다섯번째 등 서수의 의미
8. 1달러는 100센트
9. 1/2과 1/4을 설명하는 방법
10. 달력 읽는 방법 : 요일과 월

집에서 할 수 있는 수학 활동 10가지

1. 아이 방에 조감도를 붙여준다.
2. 아이의 손 크기, 키, 머리 둘레, 허리 둘레, 다리 길이, 신발 크기를 잰다.
3. 냉장고 앞에 음식 그래프를 그려둔다.
4. 날씨 예보도를 기록한다.
5. 사과 한 개를 반쪽으로, 또 반의 반쪽으로 자른다.
6. 물 한 바가지를 담는 데 몇 컵이 필요한지, 한 양동이를 담는 데는 몇 바가지
   가 필요한지 보여준다.
7. 여러 가지 물건을 사고 파는 가게 놀이
8. 아이가 읽는 책에 숫자표를 붙인다.
9. 케이크를 굽는다.
10. 식탁을 차려본다.

물건을 사러 갔을 때 셈을 할 수 있는 방법 10가지

1. 물건을 많이 살 것인지, 조금만 살 것인지, 또 장바구니가 필요한지 등을 의논한다.

2. 필요한 품목이 무엇이며, 몇 개를 살 것인지 아이와 함께 목록을 만든다.

3. 어느 가게에 갈 것인지 정하고, 쇼핑 일정도 정한다.

4. 어떤 식으로 값을 치를지 말해준다.

5. 날씨를 알아보고 무슨 옷을 입는 것이 가장 좋을지 결정한다. 아마 우산이 필요할 수도 있을 것이다.

6. 가게까지의 거리가 얼마나 되는지, 그곳까지 가는 데 어느 정도의 시간이 걸리는지 기록한다. 가는 길에 빨간 자동차가 몇 대 지나갔는지 세어볼 수 있다.

7. 가게에 가서는 아이도 쇼핑에 참여시킨다. 예를 들어 목록을 검토하게 한다든가, 바구니에 과일을 담는다든가, 선반에서 물건을 집어든다든가, 가격을 알려준다든가 등등.

8. 집에 돌아오면 아이가 직접 물건을 정리해보도록 한다.

9. 쇼핑을 다녀온 후엔 아이와 이야기를 나눈다. 가게를 몇 군데 들렀는지, 목록에 없는 물건을 사지는 않았는지, 또 목록에 있는데도 잊어버리고 사오지 않은 물건은 없는지 등등.

10. 차를 한 잔 마시는 동안 가게에서 산 물건을 아이가 기억하고 있는지 알아본다. 이렇게 함으로써 기억력을 발달시킬 수 있다.

셈을 하는 데 도움이 되는 힌트 10가지

1. 아이들이 사용할 수 있는 자에는 두 종류가 있다.

   · 자의 끝에서부터 잴 수 있는 것. 이를 '막힌 자' 라고도 한다.

   · 첫번째 표시부터 잴 수 있는 것. 이를 '열린 자' 라고도 한다.

2. 자를 제대로 사용하려면 자의 한가운데를 꽉 잡는 법을 알아야 한다.

3. 글씨를 깨끗히 쓰려면 끝이 뾰족한 연필을 준비해야 한다. 그리고 여분의 연필도 넉넉하게 준비한다.

4. 직각은 수직선과 수평선이 정확하게 만나야 되는 것이다.

5. 숫자를 계산하는 데 필요한 기호는 4개이다. +과 ×의 답은 처음의 숫자보다 크고, −와 ÷의 답은 처음의 숫자보다 작다.

6. 곱셈표를 잘 이해하는 것은 수학을 잘하기 위한 좋은 출발점이 된다. 왜냐하면 아이들은 곱셈뿐만 아니라 대수학의 분수, 백분율, 방정식과 통계학, 행렬, 확률, 각도와 면적, 도형의 길이와 용적 등 언제나 곱셈표를 활용하기 때문이다. 이것은 평생 동안 사용하게 된다.

7. 손가락 10개로 9단(9×) 곱셈을 할 수 있다.

   먼저, 손바닥을 위로 향하게 해서 활짝 펼친다. 그런 다음 왼손의 엄지손가락을 1로 해서 오른손의 엄지손가락까지 세면 모두 10이 된다.

   자, 그럼 3×9를 손가락으로 계산해보자. 우선 3이니까 왼손의 세 번째 손가락을 위로 올린다. 이 상태에서 접어올린 손가락의 왼쪽은 10단위(10의 자리)를 나타내고 오른쪽은 1단위(1의 자리)를 나타낸다. 그러니까 3×9의 경우엔 접어 올린 손가락의 왼쪽에 있는 2개의 손가락은 20, 오른쪽에 있는 7개의 손가락은 7이 된다. 따라서 답은 27이 되는 것이다.

200

이 방법대로 5×9를 해보자. 우선 5 곱하기를 해야 하므로 왼손의 다섯번째 손가락을 접어올린다. 그런 다음 왼쪽에 있는 4개의 손가락은 40, 오른쪽에 있는 5개의 손가락은 5가 되는 것을 확인한다. 따라서 답은 45가 된다. 어떤가, 신기하지 않은가.

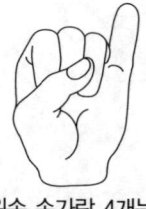

왼손 손가락 4개는
40을 나타낸다

오른손 손가락 5개는
5를 나타낸다

$$5 \times 9 = 45$$

8. 중학교에 들어가기 전에 아이들이 배우는 수학은 미술과 물리학, 화학 등에 두루 유용할 것이다.

9. 지금 우리가 사용하고 있는 수학은 학교 때 배운 것이다. 아이에게 학교 때 배운 수학을 얼마나 자주 활용하는지 보여준다. 그것을 통해 아이가 다음 10항의 내용을 자연스럽게 인정할 수 있도록.

10. 수학은 매우 중요하다!

6

살아가는 법을 배울 줄 아는 아이로 키우기

초보 부모를 위하여

부모도 그저 평범한 한 사람의 인간이라는 사실을 받아들이자. 그러면 아이와 함께 배우는 것이 훨씬 쉬워진다. 그리고 누구든 보살핌을 받고 나를 밀어주고 좋아한다는 느낌을 받으면 기분이 좋아진다는 사실을 잊지 말자.

부모와 아이가 함께 즐거운 마음으로 서로를 도와가며 뭔가를 배우기 위해서는 처음 시작할 때 어떤 계기로 하게 되었는지, 또 그 일을 계속하기 위해서는 무엇이 필요한지, 성취감을 느끼게 하는 것은 무엇인지에 대해 알아야 한다. 그래야 아이들을 효과적으로 도와줄 수 있으며, 더 나아가 아이와 함께 성공의 계단에 오를 수 있다.

어떻게 시작하게 되었는가?

◆ 하지 않으면 불편하기 때문에 하게 되는 일이 있다.

  설거지통에 그릇이 잔뜩 쌓여 있거나 쓰레기통이 가득 차면 그 냄새
  가 너무 역겹기 때문에 결국 치우지 않는가!

◆ 해야 한다고 느끼기 때문에 하게 되는 일이 있다.

  아무도 나서지 않기 때문에 나라도 나서서 열 명이나 되는 아이들을
  데리고 바깥 나들이를 하지 않는가!

◆ 즐겁기 때문에 하게 되는 일이 있다.

  운동을 좋아하니까 매일 아침 1.5킬로미터 이상 수영을 하지 않는
  가!

◆ 새로운 기회를 잡을 수 있기 때문에 하게 되는 일이 있다.

  새로운 직업을 구할 수 있으니까 어렵더라도 운전 교습을 받지 않는
  가!

◆ 반드시 해야 하기 때문에 하게 되는 일이 있다.

  전화를 받느라고 영화 내용을 놓치게 되지 않는가!

◆ 할 수 있기 때문에 하게 되는 일이 있다.

  아주 잘하니까 십자 낱말풀이의 빈칸을 채워넣지 않는가!

뭔가를 시작할 때에는 이렇게 다 이유가 있는 법이다. 또 이유가
있기 때문에 더 열심히, 혹은 덜 열심히 일에 임하게 된다. 그렇다면
나와 우리 아이는 어떤 이유로 시작하면 좋을까? 한번 곰곰이 되새겨
볼 필요가 있다.

별로 내켜하지 않는 아이, 시작하게 만들기

먼저 아이와 함께 그 일을 얼마 동안 할 것인지 의논하고 결정한다. 가령 연습 문제를 푸는 데 30분이 걸린다고 치자. 그렇다면 우선 현실적인 목표를 세운 다음 그 일을 하는 데 어느 정도의 시간을 할애할 수 있는지 알아본다. 아이가 걸스카우트 모임이나 소년단 모임에 가기 전까지 2시간 30분 정도의 시간이 있다. 그 정도의 시간이라면 30분 동안 문제를 다 풀 수 있다는 사실에 충분히 합의할 수 있을 것이다.

시간을 계획하는 것은 일을 시작하는 법을 배우는 연습이 된다. 아이로선 하기 싫은 마음이 더 많겠지만, 그럼에도 시간이 일정하게 제한된다는 것은 해야 할 일의 범위가 정해진다는 뜻이므로 그다지 어렵지 않게 일을 시작할 수가 있다.

어떻게 하면 계속하게 될까?

◆ 자신에 대한 믿음
◆ 해야 할 일에 대한 관심
◆ 일을 해내기 위해 무엇이 필요한가에 대한 이해
◆ 일을 편안하게 해낼 수 있는 도구
◆ 충분한 정보
◆ 능력
◆ 에너지
◆ 용기
◆ 일을 끝내고자 하는 바람

♦ 일을 끝내고 났을 때 어떨까 하고 마음속으로 그려보는 것
♦ 예전에 열심히 공부했을 때 어떤 보상이 주어졌는가에 대한 기억
♦ 자신의 속도를 유지하는 방법 알기

이 가운데 두세 가지만 아이에게 심어줄 수 있다면 어떤 아이든 계속해서 자신이 맡은 일을 해내게 될 것이다.

공부를 계속하게 만드는 방법

1. 아이가 쉬고 싶을 때 쉴 수는 있지만, 이때는 반드시 휴식 시간에 대해 의논한다.
2. 아이가 2분 동안 해낼 수 있는 분량을 파악한다. 이렇게 하면 속도를 조절할 수 있으며, 휴식보다 더 좋은 효과를 내는 경우가 많다.
3. 아이로 하여금 지금까지 공부한 내용을 부모에게 말해보게 한다.
4. 아이로 하여금 지금까지 공부한 내용을 큰 소리로 읽어보게 한다.
5. 공부를 마치기 위해 무엇이 필요한가 말해보게 한다.
6. 마음껏 기지개를 켤 수 있다.
7. 물을 마실 수 있다.
8. 간식을 먹을 수도 있다.
9. 지금까지 공부한 내용을 다시 한번 쓰게 하면 아이에게 예상치 못했던 발전 정도를 보여줄 수 있다.
10. 공부한 것이 너무 지저분해서 아이의 기분이 상했다면, 줄을 긋고 다시 시작할 수 있게 한다.

부모가 계속해서 아이의 공부를 돌봐주는 방법

뜻대로 일이 잘되지 않아서 아이가 실망감을 느끼고, 부모 역시 실망감에 빠졌다면 모두 휴식을 통해 다시 에너지를 충전해야 한다(7장의 '긍정적인 사고방식을 갖게 하는 긴장완화법' 참조).

물론 아이에게 맡겨진 과제가 그리 중요하지 않을 수도 있다. 하지만 반드시 명심해야 할 것은, 포기하고 싶을 때라도 계속해서 꿋꿋이 계속해나가는 것은 인생을 살아나가는 데 꼭 필요한 요건이라는 사실이다. 이것만 명심한다면 "애가 너무 피곤하니까" 혹은 "내가 시간이 너무 없어서" 따위의 자기 변명을 하지는 않을 것이다.

아이 스스로 자신의 실패 원인을 깨닫고 있는지 살펴보고, 아이가 다시 시작하는 데 필요로 하는 만큼만 도와준다. 이때 아이가 바라는 것이 바로 필요로 하는 것임을 기억하자.

일단 아이 스스로 문제라고 생각하는 것이 무엇인지 주의 깊게 들어준다. 간혹 아이의 마음속에 다른 것이 들어 있어서 집중하지 못하는 경우도 있다. 그렇다면 그것이 무엇인지부터 부모가 알고 있어야 한다. 부모의 가치관을 일관성 있게 밀고 가되, 부모가 아이의 생각을 충분히 들어준다는 것을 알게 해야 한다. 무엇이든 마음 편히 부모와 터놓고 얘기할 수 있는 분위기가 만들어져야 하기 때문이다.

아이의 얘기를 충분히 들어준 후에는 일의 우선순위를 정한다. "그럼 공부는 나중에 해." 아니면 "지금은 숙제부터 하고 나중에 그것에 관해 자세히 얘기하자"라는 식으로.

아이가 기뻐할 때와 힘들어할 때

어떨 때 성취감을 느낄까?

성취감은 꿈이 실현되고 계획했던 바가 이루어졌을 때 느낄 수 있다. 다른 사람이 발명을 하거나 기술을 개발하는 데 도움이 되는 재능을 발휘했을 때도 만족감을 느낀다. 또한 누군가를 보살펴준다는 사실을 보여줄 때, 또는 누군가가 당신에게 감사의 표시를 할 때 역시 성취감을 느낄 수 있다. 어렵다고 생각했던 일을 마치고 나면 상당한 만족감에 도취될 수 있다. 일을 잘해냈을 때도 우리는 만족스러워한다.

아이에게 성취감을 심어주려면

아이가 현실적인 목표를 세우도록 이끌어준다. 물론 이것은 대통

령이 되겠다는 아이의 생각을 비웃으라는 말이 결코 아니다. 그 목표에 도달하는 데 반드시 필요한 단계들을 아이가 충분히 이해하고 노력하도록 용기를 북돋워주라는 뜻이다.

목표를 세우고, 그 목표에 도달하기 위해 노력하는 아이들은 성취감을 경험하게 된다. 이것은 마치 새로운 것을 배우기 위한 도약대 같은 역할을 한다.

아이와 공부하면서 부모가 느끼는 성취감

아이와 부모 모두 성취감을 느낄 수 있지만, 그 이유는 서로 다르다. 아이는 숙제를 다했기 때문에 성취감을 느끼는 것이고, 부모는 아이가 전에 했던 것보다 훨씬 잘해냈기 때문에 성취감을 느끼는 것이다.

어떤 부모든 우리 아이가 이만큼 발전했으면 좋겠다 싶은 부분이 있다. 그 중 어느 부분에서든 아이가 개선되었다는 것을 알게 되면 성취감을 느낀다. 그런데 종종 어떤 부모들은 과정보다 결과를 더 중요시하는 경우가 있다. 이런 부모들은 끝없는 욕망 때문에 성취감을 느낄 기회가 거의 없을 것이다.

서로에게 무엇을 필요로 하는지 기억한다

누군가가 나를 필요로 한다는 것만큼 사람을 행복하고 즐겁게 하는 일도 없다. 자신의 존재 가치가 확인되는 순간이니까. 부모와 아이의 관계도 마찬가지다.

부모는 아이가 방긋이 웃으며 바라보고, 부모의 말을 주의 깊게 들고, 부모가 도와주는 것을 좋아하길 바랄 것이다. 그렇다면 아이가 부모에게 필요로 하는 것이 무엇인지 관심 있게 살펴보아야 한다. 아이가 진정으로 바라고 원하는 것이 무엇인지에 집중하며 기억해준다.

아이들에게 가장 필요한 것은 부모의 진심 어린 칭찬이다. 사소한 것 같지만 이 세상 그 무엇과도 바꿀 수 없는 소중한 보물이다. 주위를 둘러보면 아이에게 칭찬해줄 수 있는 것은 아주 많다. 숙제를 엉망으로 했거나 칭찬해줄 정도가 아닐 수도 있다. 그렇다면 아이가 갖고 있는 또 다른 좋은 점을 발견해보라. 동생을 잘 돌봐줄 수도 있을 것이며 심부름을 잘하는 예쁜 아이일 수도 있다. 어떤 것이든 의식적으로라도 아이의 좋은 점을 칭찬해주자. 이것은 아이에게 선심을 쓰는 것이 아니라 부모에게 있어 아이가 숙제보다 더 중요한 존재라는 사실을 알고 있다는 것을 의미한다.

아이들은 이럴 때 부모와 멀어질 수 있다

때로 아이들은 부모와 완전히 멀어져버린 것처럼 행동하고, 부모는 그것 때문에 힘들어하고 고통스러워한다. 이럴 경우 아이들은 부모가 도와준다고 해도 완강히 거절하는데, 이렇게 되는 데에는 여러 가지 이유가 있다.

◆ 부모가 너무 지나치게 도와준다고 느낄 때
◆ 부모가 자기에게 관심이 없다고 느낄 때
◆ 자기 혼자만 사랑받고 싶다는 느낌을 가질 때
◆ 죄책감을 느낄 때
◆ 외로울 때

- 당황스러울 때
- 참을성이 없을 때
- 기분이 언짢을 때
- 실망했을 때
- 우쭐할 때
- 열등감을 가질 때

하지만 절망할 필요는 없다. 아이는 분명 고통스럽지만 인생의 기쁨과 괴로움에 대처하는 방법을 배우고, 또 도움을 받을 수 있으니까 말이다. 부모 역시 이럴 때에는 다른 사람의 도움을 받아들일 필요가 있다. 물론 이것은 쉽지 않은 일이다! 그러나 어쩔 수 없는 노릇이다.

아이가 몹시 걱정된다면 아이를 잘 알고 있고, 또 신뢰할 만한 사람에게 도움을 청하는 것이 좋다. 그 사람은 그냥 주의 깊게 아이를 지켜보고, 아이가 하는 말에 귀기울여주기만 하면 된다.

아이가 힘들어할 때

사람들 누구에게나 인생에서 자신이 가장 중요한 인물이 아니라고 느끼는 순간이 있다. 또 너무 바빠서 자신이 하고 싶은 일을 하지 못할 때가 있는 법이다. 아이들과의 관계도 그렇다. 이건 지극히 정상적인 상황이다. 시간이 없어 아이들과 오랜 시간 같이 지내지 못한다고 해서 죄책감을 가질 필요도 없고, 아이 역시 불만을 품을 필요가 없다.

하지만 아이로선 자신이 사랑받지 못하고 있다는 느낌을 받을 수 있다. 이같은 상황에서는 아이와 함께 이 문제에 관해 이야기를 나누는 것만큼 좋은 일이 없다. 왜 그런 상황에 놓이게 되었는지, 그래서 엄마 마음이 어떤지를 솔직히 얘기해주는 것이다. 그리고 부모와 아이 모두 서로에게 어떤 일을 해주었을 때 도움을 받는다는 느낌을 받는지, 사랑받고 있다는 느낌을 갖는지 알아내도록 한다. 아울러 부모의 바람도 말해준다.

예를 들어, 부모는 아이가 쓰레기를 치워주길 바랄 수 있고, 아이는 그것에 대해 칭찬받기를 원할지 모른다. 사실 이와 같은 요구 사항 자체는 그다지 중요해 보이지 않을지 모른다. 하지만 부모와 아이에겐 개인적으로 아주 중요한 일이 된다. 아이를 한번 힘껏 안아주는 부모의 몸짓, 부모를 향해 방긋 웃어주는 아이의 미소는 인생을 행복하게 만드는 활력소이다.

'무엇이든 할 수 있다' 는
자신감 키워주기

무엇이든 할 수 있다고 스스로를 믿는 아이들은 생각하는 방법을 알고 자기가 생각하는 바대로 계속 개선해나가고자 한다. 이런 아이들은 문제를 어떻게 인식하는지, 문제점에 부딪혔을 때 무엇을 해야 하는지 알고 있다.

우리가 진정으로 바라는 것은 아이들이 무엇이든 잘해내는 것이 아니라, 무엇이든 해내려고 도전하는 자세를 갖는 것이다. 바로 모든 부모들이 원하는 것이다. 그럼 우리는 아이들을 어떻게 도와주어야 할까?

할 수 있다고 믿는 아이들은 다음과 같은 단계를 거친다

1. 나는 무엇을 알고 있는가?

2. 내가 알아야 할 것은 무엇인가? 내가 해결해야 할 문제는 무엇인가?

3. 그것을 해내기 위해 어떻게 계획을 세울 것인가?

4. 어디에서 필요한 정보를 찾을 것인가?

5. 정보를 어떻게 정리할 것인가?

6. 그 동안 내가 배웠던 것은 무엇인가?

7. 새로 생긴 문제는 무엇이며, 어떻게 해결할 것인가?

이렇게 해도 해답을 구하지 못하면 다시 한번 같은 과정을 반복한다. 그러면서 자신이 원하는 해답을 하나씩 찾아나간다. 이것이야말로 배울 줄 아는 방법을 터득하는 과정이다. 따라서 이 과정을 연습해보도록 아이들을 이끌어주는 것은 아이들에게 뭔가를 배울 줄 아는 방법을 알려주는 것이며, 이를 통해 스스로 문제를 해결해낼 수 있다는 자신감이 길러진다.

학교 과제물 해결하기

방금 전에 우리는 아이들에게 꼭 가르쳐야 할 새로운 방법을 배웠다. 이 방법은 어떤 문제에든 적용할 수 있다.

주어진 과제

자기가 살고 있는 지역에서 새로운 장소를 알아내어 사람들에게 그곳에 가는 방법 알려주기

해결 과정

1. 나는 무엇을 알고 있는가?

   ◆ 내가 살고 있는 지역의 특성

   ◆ 한 번이라도 가본 적이 있는 곳과, 차를 타고 그곳에 가는 방법

   ◆ 지도 읽는 법

   ◆ 버스 시간표를 구할 수 있는 곳

   ◆ 도로 이름

   ◆ 약도 그리는 법

2. 내가 알아야 할 것은 무엇인가?

   ◆ 그곳의 문 여는 시간과 닫는 시간

   ◆ 관람 가능한 시기는 언제인가?

   ◆ 입장료를 내야 하는가? 입장료를 내야 한다면 얼마인가?

   ◆ 대중 교통수단이나 자동차로 그곳에 가는 방법은 무엇인가?

   ◆ 그곳에서 열리는 특별 행사

   ◆ 가족을 위한 프로그램이 있는가?

3. 어떻게 계획을 세울 것인가?

   지금까지 알아낸 정보들을 항목별로 정리한다.

   ◆ 위치

   ◆ 관람 시간과 방법

   ◆ 교통수단

   ◆ 행사 내용

4. 정보를 어디에서 구할 것인가?
   - ♦ 장소 : 관광안내소, 도서관, 친구, 지역 신문, 여행 안내서
   - ♦ 가는 방법 : 직접 방문, 버스터미널, 기차역

5. 정보를 어떻게 정리할 것인가?
   지금까지 알아낸 자료들을 토대로 간단한 도표를 만든다.

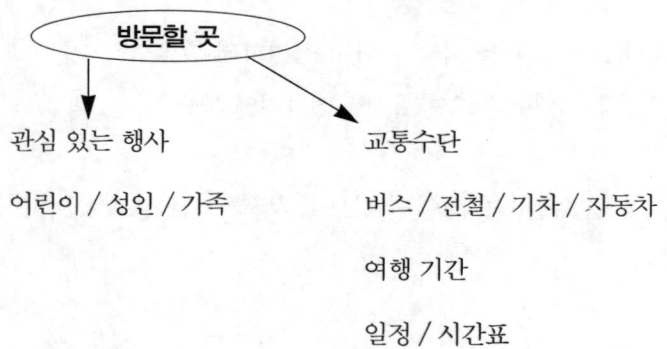

관심 있는 행사   교통수단

어린이 / 성인 / 가족   버스 / 전철 / 기차 / 자동차

                             여행 기간

                             일정 / 시간표

박물관

- ♦ 가족들이 모두 흥미로워함
- ♦ 특별 전시 – 월요일, 목요일 오후 2시
- ♦ 음식점 – 영업 시간 09 : 00 ~ 16 : 00
- ♦ 기념품점 – 영업 시간 09 : 00 ~ 16 : 00
- ♦ 입장료 무료
- ♦ 정원에 의자가 있어서 식사를 하거나 편히 쉴 수 있음
- ♦ 아이들을 위한 다양한 체험 학습장이 마련되어 있음
- ♦ 교통편 – 중앙역에서 30번 도로를 따라가다가 박물관 앞 하차.

10분 소요. 도보로 20분. 주차 시설 완비. 주차료 저렴

6. 내가 배운 것은 무엇인가?
   * 버스 시간표 읽는 법
   * 박물관의 위치와 찾아가는 방법
   * 박물관에서 관람할 수 있는 것. 관람객을 위한 프로그램

7. 지금 나는 정보들을 어떻게 다시 정리하면 좋을까?
   * 각 장소에 대한 자료들을 개별 서류철에 보관

8. 이 문제를 해결하려면 어떤 정보를 갖고, 어떤 정보를 버려야 할까?

개인적인 문제 해결하기

문제 해결 방법을 익히게 되면 어떤 문제든 좋은 결과를 얻을 수 있다. 물론 상황에 따라 여러 가지 변수가 있게 마련이다. 하지만 어떤 문제든 그것을 해결해가는 기본적인 과정은 크게 다르지 않다. 이것이 곧 우리가 아이들에게 가르쳐주어야 할 중요한 방법이다.

주어진 문제

나는 친구가 별로 없다. 친구를 잘 사귀려면 어떻게 해야 할까?

해결 과정

1. 내 주변엔 친구가 거의 없다. 모두들 내가 멍청하다고 생각한다. 나는 동물을 좋아한다.

2. 어떻게 친구를 사귀면 좋을까? 왜 나는 친구가 없는 걸까?

3. 엄마한테 도와달라고 해야겠다.

4. 엄마는 어떻게 하면 좋을지 알고 계실 거야.

5. 내가 할 수 있는 것은 무엇일까? 또 내가 절대로 할 수 없는 일은 무엇일까?

6. 어쩌면 학교가 아닌 곳에서 동물을 좋아하는 친구들을 찾아야 하는 건지도 모르겠다.

7. 그렇다면 동물을 좋아하는 사람들이 어디 있는지 알아내야 할 것 같다.

8. 그 사람들을 어디서 찾을 수 있을까?

자신의 문제를 이렇게까지 분석할 줄 알고, 또 그 해결 방법을 찾으려고 노력하는 아이들은 이미 문제의 절반 이상을 해결한 셈이다. 이제 남은 일은 긍정적인 생각을 가지고 현실적으로 도전해서 문제를 풀어나가는 것이다. 그때 우리 부모들은 아이들에게 듬직한 도우미가 되어주기만 하면 된다. 처음엔 부모의 도움이 많이 필요하겠지만 여러 번 거듭하여 문제를 풀어가면서 아이들은 혼자 힘으로 당당히 인생을 꾸려나갈 수 있게 된다.

7

간장완화를 통해
'할 수 없어'를
'할 수 있어'로 바꿔주기

긴장완화는 활기찬 삶의 영양분

　누구에게나 하루는 24시간. 늘 똑같은 시간이 주어지건만 이런저런 일들로 부산하게 보내고 나면 언제 하루해가 뜨고 언제 하루해가 졌는지도 모를 만큼 항상 빠듯하기만 하다. 어떤 날은 잠시 앉아 숨을 고를 틈 없이 빠르게 보내기도 한다. 한번 생각해보라. 그런 날들이 얼마나 많은지… 우리 아이들도 마찬가지다!

　긴장을 완화시키는 것은 아주 소중한 능력이다. 물론 우리는 이 사실을 너무나 잘 알고 있다. 하지만 긴장을 풀기 위해 잠깐 동안이라도 짬을 내어 호흡을 가다듬어본 기억이 있는지 곰곰 되짚어볼 일이다. 긴장을 풀고 휴식을 취한다는 것이 몇날 며칠 자리 펴고 누워 쉬는 것을 의미하지는 않는다. 그렇게 할 수도 없는 노릇이다.

　여기서는 우리 부모들과 아이들을 위해 효과적인 긴장완화법을 소개하려고 한다. 우선 긴장완화가 우리에게 가져다주는 효과와 함께, 짧은 시간 최고의 효과를 낼 수 있는 몇 가지 방법에 대해 얘기할 것이다.

긴장을 완화시키는 방법은 누구나 꼭 익혀두어야 할 기본적인 생활 도구이다.
왜냐하면…

◆ 압박감을 덜어주고
◆ 휴식을 주고
◆ 사물을 잘 기억하게 해주며
◆ 몸을 챙기게 해주고
◆ 에너지를 불어넣어주고
◆ 계획을 세우기가 쉬워지고
◆ 사람을 좋아하게 만들며
◆ 더욱 호감 가는 사람으로 만들어준다.

아이들은 긴장완화를 통해

◆ 학습 속도가 빨라지고
◆ 사랑받고 있다는 것을 느끼게 되고
◆ 자신의 느낌을 조절할 수 있게 되고
◆ 다른 사람들과 즐겁게 지낼 수 있고

◆ 세상에 대한 안목을 키울 수 있고

◆ 상상력을 발휘할 수 있으며

◆ 보다 마음에 드는 사람이 된다!

긴장을 풀어주는
손쉽고 효과적인 방법

긴장을 풀어줄 때 가장 중요한 것은 평소 생활 리듬에 맞도록 계획해야 한다는 것이다. 긴장완화는 흐트러진 생활 리듬을 바로잡아 심신에 활기를 불어넣어주는 것이 주요 목적이기 때문이다. 긴장을 풀어주는 것이 좋다고 해서 아이의 생활 리듬을 제대로 파악하지 않고 부모 뜻대로 강요하게 되면 오히려 부작용을 낳는다. 지나치면 아니함만 못하다는 옛말 그대로인 셈이다.

아이와 함께 긴장완화법을 시도할 때는 시작하기 전에 무엇을 할 것인지 충분히 설명해주어야 한다. 또 부모가 하자고 하는 일이 아이에게 문제를 일으키지 않을지, 거부감을 느끼지는 않을지 미리 점검해두는 것이 필요하다.

효과를 극대화하기 위해서는 긴장완화에 필요한 시간과 장소를 사전에 정해두면 좋다. 장소는 가능한 한 조용한 곳으로 정한다. 필요하다면 전화기 코드로 뽑아놓는다. 바닥에 눕거나 의자에 앉아서 하면 되는데, 중요한 것은 스트레칭을 하고 안락함을 느낄 수 있을 공간이 충분해야 한다는 것이다.

아이들이 스트레스를 받는 이유가 여러 가지인만큼 긴장을 풀어주는 방법도 다양하다. 그 중 다음은 매우 간단한 방법으로, 따로 훈련을 받을 필요 없이 언제 어디서나 손쉽게 할 수 있다. 하지만 그 효과만큼은 뛰어나다.

3초 심호흡법

장소와 시간에 구애받지 않고 긴장을 풀 수 있는 방법이다. 하나, 둘, 셋… 천천히 마음속으로 숫자를 세면서 3초 정도만 심호흡을 해도 웬만한 긴장은 쉽게 풀어진다. 물론 심호흡을 하는 시간이 길어질수록 효과도 그만큼 커진다.

심호흡을 할 때는 숨을 쉬면서 코 안으로 들어갔다 나오는 공기를 민감하게 느끼도록 한다. 특히 숨을 깊이 쉴 때 몸에 느껴지는 효과에 집중한다. 날숨을 조절하여 깊고 리드미컬하게 호흡을 하면 긴장도 풀리고 마음이 차분해지면서 깨끗해지는 걸 느낄 수 있다.

사물 응시법

두려움이나 위기감이 느껴질 때 아주 효과적으로 긴장을 완화시켜주는 방법이다.

자신의 주변에 놓여 있는 사물들을 천천히 바라보면서 나직한 음성으로 조용히 사물의 위치나 모습을 묘사해보는 것이다. 이때 마음의 평정을 가져다주는 문장들에 리듬을 싣는다.

마루에 두 다리를 쭉 뻗고 앉아 있다.
창문에는 커튼이 쳐 있다.
불이 켜져 있다.
꽃병에는 수선화가 꽂혀 있다.

이 방법의 좋은 점 가운데 하나는 눈을 뜨고 할 수 있다는 것이다. 따라서 면접을 보러 들어갈 때나 아이의 담임선생님과 만날 때, 그리고 슈퍼마켓에서 줄서서 기다릴 때, 집으로 가는 버스를 기다릴 때, 초록 신호등이 켜지길 기다리며 서 있을 때 이용하면 효과 만점이다.

한숨 돌리기법

무슨 일을 하고 있든, 그 일을 잠시 동안 완전히 멈춰버리고 휴식을 취하는 방법이다. 따라서 이 방법을 시행하기 위해선 지금 하고 있는 일이 아무리 중요하더라도 그 일을 중간에 멈추고 반드시 휴식을 취할 것이라는 결심을 해야 한다. 이 연습은 해야 할 일을 통제하고 조정하는 사람은 바로 자기 자신이지, 해야 할 일에 밀려 로봇처럼 움직여서는 안 된다는 것을 떠올리는 데 도움이 된다.

하던 일을 잠시 멈추고 몇 초 동안 한 가지 느낌에만 집중한다. 접촉을 통해서도 할 수 있는데, 손가락 끝으로 테이블보의 감촉을 완벽하게 느끼도록 한다. 한숨 돌리기는 마치 중립적인 위치가 된다거나

227

엔진에 브레이크를 거는 것과 같다. 이 방법을 이용하면 보다 침착해지고, 집중력이 향상되며, 머리가 맑아지는 느낌을 가질 수 있다.

가벼운 명상법

'명상법'은 한숨 돌리기를 보다 길게 늘리고, 보다 체계를 갖춘 것이다. '명상법'은 주위로부터 받는 스트레스와 긴장을 떨쳐버리게 해주기 때문에 금방 안도감을 느낀다. 마음을 침착하게 해주고 휴식을 주어 새로운 기분과 휴식을 취했다는 느낌을 가지고 일을 다시 시작할 수 있게 한다.

명상에 잠기는 시간은 본인이 원하는 만큼 자유롭게 정한다. 명상법은 혼자서 즐길 수도 있고, 아니면 여러 사람과 함께 짝을 이루어도 된다. 다음의 방법을 잘 읽어보고 한번 시도해볼 만하겠다는 생각이 들면 실시하도록 한다.

1. 나직한 목소리로 아이에게 눈을 감고 자연스럽게 손을 무릎 위에 올려놓으라고 한다. 부모도 눈을 감아야 한다.

2. 조용한 목소리로 이렇게 말한다.
"주위에서 들리는 소리를 듣되 그게 무슨 소리인지는 알려고 하지 마.
네가 숨을 들이쉬고… 내쉬고… 또 들이쉬고…
내쉬는 걸 가만히 느껴봐.
그리고 의자 위에 앉아 있는 네 몸의 무게를 느껴봐.
살갗 위로 스쳐가는 공기의 움직임을 느껴봐."

228

이 밖에도 다른 적절한 말이 떠오르면 그때그때 편안하게 얘기한다. 이렇게 하면 마음이 차분하게 가라앉으면서 정신을 오로지 몸에만 집중시킬 수 있다. 그러면서 자연스럽게 긴장이 몸 밖으로 빠져나가면서 서서히 풀어진다.

3. 조용히 앉은 채로 몸의 긴장이 풀리고 길게 호흡을 하고 휴식을 취하면서 몇 분 정도 시간이 흘러가게 한다. 편안함을 느낄 때까지 얼마의 시간이 걸려도 좋다.

4. 몇 분이 지난 후 — 시간은 길수록 좋다 — 나직한 목소리로 방으로 다시 돌아오라고 얘기해준 다음 천천히 눈을 뜨게 한다.

5. 아이에게 이제 어떤 느낌이 드는지 물어본다.

당신이 혼자 있고, 또 지금 하고 있는 일이 걱정되기 시작한다면 그저 차분히 자리에 앉아서 마음속으로 자신에게 각 단계를 설명해주면서 위의 명상법을 시행한다. 그렇게 하면 거의 자동적으로 스트레스에 반응하게 된다. 즉 침착하고 조용하게 해주는 것이다.

긍정적인 사고방식을 갖게 하는
긴장완화법 9가지

이제부터 여러분이 아이들과 함께 하게 될 긴장완화법은 다소 특이하고 생소하게 느껴질지 모르겠다. 이 방법들은 단순히 긴장만 풀어주는 것이 아니라 아이에게 긍정적인 가치관과 사고방식을 갖게 해줄 것이다. 그리하여 좀더 적극적인 태도로 삶에 대처할 수 있게끔 도와줄 것이다.

여기에 소개된 이야기를 아이에게 들려줄 때에는 우선 아이가 눈을 감은 채 긴장을 풀고 조용히 귀기울이는 상태에서 큰 소리로 읽어주는 것이 가장 효과가 좋다. 아이가 에너지를 다시 얻을 수 있도록 차분하게 들려주고 편안한 느낌을 갖도록 한다.

먼저 아이에게 눈을 감게 한 다음 깊이 심호흡을 하라고 한다. 그리고 나서 나직한 음성으로 아이에게 발가락을 세웠다 놓았다 하게 하고 다음엔 다리를 들어올렸다 내렸다 하게 한다. 이런 식으로 발에서부터 다리, 엉덩이, 배, 가슴, 등, 손, 팔, 어깨, 목, 얼굴, 머리의 순서로 계속 천천히 움직이게 한다. 이렇게 긴장시키는 움직임으로 시작하면 아이는 긴장이 풀어졌을 때 몸에 전달되어오는 느낌이 어떤지 민감하게 느낄 수 있다. 몸이 긴장되었을 때와 긴장이 풀어졌을 때의 느낌을 서로 비교하게 하는 것이다. 자기 몸을 통해 긴장완화 상태를 예민하게 느끼게 되면 아이는 무엇에든 차분하게 귀기울이게 될 것이다.

이를 통해 무엇이든 긍정적인 것에 초점을 맞추어 정해진 시간에 아이와 함께 나누고 싶은 이야기를 선택한다. 예를 들어 아이가 친구 사귀기를 어려워하면 '친구와 편하게 놀기 위한 긴장완화법'을 시도해본다.

 ## 친구와 편하게 놀기 위한 긴장완화법

어느 조용한 시골길을 걸어가고 있다고 상상해보자.

지금은 여름철이야. 여기저기서 아름다운 새소리가 들려오고
꽃향기가 솔솔 코끝에 전해지네.

길 양쪽에는 초록의 키 큰 울타리가 서 있는데, 너무 높아서 끝까지
올려다볼 수가 없단다. 그런데 저기 울타리 한쪽에서 아이들이 노는
소리가 들려오기 시작해.

아이들은 웃으면서 서로를 부르고 있지.

끊임없이 손바닥을 마주치는 소리와 즐겁게 웃는 소리가 들리고,
힘내라고 외치는 목소리도 들려오는구나.

왠지 나 혼자 외톨이가 되어버린 것 같아 조금 외롭지만, 그래도 계속
앞으로 걸어가보기로 했어. 어느새 울타리 틈새에까지 오게 되었네.
거기엔 문이 하나 있단다.

문에 살짝 기대 들여다보니 아이들이 뛰노는 모습이 보이네.

많은 아이들이 시합을 하고 있단다. 그 중엔 아는 아이들도 있을 수 있지만 지금까지 한 번도 본 적이 없는 아이들도 있을 거야.

자, 그럼 아이들 얼굴을 잘 살펴볼까? 다들 신나고 즐겁게 놀고 있을 거야.

한 아이가 공을 잡으니까 다른 아이들이 서로 자기한테 공을 던지라고 소리를 지르는구나.

아이들은 큰 소리로 자기 팀을 응원하고 서로 격려해주고 있단다.

이제는 아이들이 하고 있는 경기 규칙이 어떤지 한번 관찰해볼까?
어? 그런데 시합을 하던 한 아이가 손을 흔들면서 같이 놀자고 우릴 부르네.

자, 그러면 문을 열고 놀이터로 들어가보자.

수많은 얼굴이 우리를 바라보면서 미소를 짓고 누군가가 경기 방법을 설명해주기 시작하는구나.

지금부터 팀에 끼여 경기를 해야 하니까 경기 규칙을 잘 듣고 이해해야겠지.

네가 경기 규칙을 잘 알아듣는 것 같으니까 모두들 굉장히
좋아하는구나. 다시 경기가 시작될 테니까 정신을 집중하자.

호각 소리와 함께 경기가 다시 시작되었어. 공이 너한테 오네? 얼른
잡아서 다른 아이에게 넘겨줘야겠네. 아이들과 함께 이리저리 공을 차고
신나게 노니까 정말 기분이 좋구나.

팀원들이 네 이름을 크게 외치고, 또 공을 잡으면 힘내라고
응원해준단다.

너도 다른 아이의 이름을 큰 소리로 부르면서 용기를 내라고
격려하고 있어. 정말 신나지?
한참 공놀이를 하다보니 어느덧 해가 지기 시작하네. 경기도 얼추
끝난 것 같고.

어디선가 몇몇 아이들이 소풍 바구니를 가지고 우리한테 오네.

네가 좋아하는 음식이 잔뜩 차려지고 모두들 달려들어 맛있게 먹고
마시기 시작해.

새로 사귄 친구들과 즐겁게 이야기할 수 있는 시간이 많아졌네.

팀에 속해서 친구들과 함께 노니까 정말 기분이 좋지?

아이들이 서로의 말에 귀를 기울이고 같이 대화를 나누고 있구나.

점점 날이 저물고 이제 집에 가야 할 시간이 되었단다.

친구들에게 작별인사를 하고 문으로 나와 다시 오솔길로 접어들기 시작했어. 모두들 손을 흔들어주네…

오솔길로 나와 집으로 향하는 발걸음이 가볍지?

오후에 있었던 일과 새로 만난 친구들, 함께 했던 놀이를 다시 한번 떠올려보렴. 얼마나 행복했는지 말야.

얼굴 가득 미소를 머금은 채 행복한 느낌과 자신감을 가지고 햇살 속에서 오솔길을 걷고 있는 네 모습을 바라보렴.

자, 이제 집에 도착했어. 눈을 뜨고 자리에서 일어나자

너는 지금 아주 높은 산의 기슭에 서 있단다. 산은 너무너무 높아서 정상이 어디쯤인지 짐작조차 할 수 없지. 게다가 구름에 가려져 있단다.

하지만 다행히도 너는 혼자가 아니야. 너를 알고 있는 사람들과 함께 서 있단다.

그 사람들에게 말하는 거야. 저 높은 산을 올라갈 거라고 말야.

물론 어느 누구도 네가 산 정상에 올라갈 수 있을 거라고 생각하지 않는단다.

사람들은 말하지. "그 산은 너무 높아서 절대로 오를 수 없어. 너는 그 정도로 강하지 않아."

그러나 너는 마음 깊은 곳에서 '네가 할 수 있다'는 걸 알고 있단다.

그렇게 해서 산기슭에 있는 사람들한테 작별인사를 하고 정상으로 가는 작은 오솔길로 발걸음을 옮기기 시작하지. 오솔길을 따라 여기저기 피어 있는 예쁜 꽃과 싱그러운 풀을 미소 띤 얼굴로 바라보면서 말야.

236

햇살은 따사롭고 토끼 같은 산짐승들이 뛰어다니는 게 보인단다.

아름다운 산의 풍경을 바라보니 자신감도 더 생기고 무척이나 행복해.

그런데 조금씩 높이 올라갈수록 길은 점점 험해지기 시작해. 나무와 풀도 듬성듬성하고 주위엔 온통 바위투성이뿐이지. 꽃 대신 키 작고 억센 나무들이 거친 땅에서 자라고 있는 거야.

공기도 점점 더 차가워진단다. 다리도 아파오고 발에 물집이 잡혀 아프기 시작해. 숨쉬기도 힘들어져서 몇 걸음 못 가서 숨을 고르기 위해 걸음을 멈출 수밖에 없어.

그래도 용기를 내어 높이 올라가지만 여전히 정상은 구름 속에 잠겨 있는 거야. 얼굴엔 차가운 이슬 방울이 맺히고…

산 정상에 오르기 위해 마지막 남은 길을 힘겹게 걸어가고 있단다. 높은 정상에 오르기 위해 너는 마음을 다지고, 또 다지지. 지금까지 아주 먼 길을 걸어왔고, 이제 서서히 눈앞에 목표물이 보이기 시작하지.

드디어 산꼭대기! 정상에 오르자 생각지도 못했던 놀라운 일이 벌어지네.

구름이 흩어지고 태양이 제 모습을 드러내는 거야.

태양은 그 환한 빛으로 너와 온 산을 비춰주고 있어. 털썩 그 자리에 앉아 그 동안 얼마나 멀리 걸어왔는지 새삼 생각해본단다. 저 멀리로 드넓은 바다가 보이네. 주변을 둘러보니 들판과 계곡, 숲, 마을, 강과 길들이 아스라이 보이고 길 위를 달리는 자동차들은 마치 장난감 같아.

산 아래를 굽어보니 친구들도 보이네. 너무 멀리 떨어져 있어 얼굴은 자세히 보이지 않지만 그들이 손을 흔들어주는 모습은 볼 수가 있단다.

스스로 얼마나 대단한 일을 해냈는지 새삼 자부심과 기쁨을 느끼면서 너도 친구들한테 크게 손을 흔들어주지. 다리가 아프고 발이 쓰라려도 계속 오르고야 말겠다는 결심을 했다는 건 정말 대단한 일이거든. 중간에 포기하는 것이 더 편하고 쉬운 일이었지만 너는 계속 정상을 향해 올랐어.

정상에서 충분히 휴식을 취하는 거야. 그리고 기운을 내서 다시 자리에서 일어나려고 하는데 뭔가 손에 잡힌단다. 이게 뭘까? 네가 앉아 있던 바위에 패인 작은 구멍 속에 조그만 꾸러미가 있구나. 꾸러미를 보니 거기엔 네 이름이 적힌 꼬리표가 붙어 있단다.

작은 꾸러미를 열어보니 그 속에 뭔가가 들어 있는 거야. 정말 놀랍지 않니? 바로 너만을 위한 선물이었던 거지. 네가 언제나 갖고 싶어했던 거야.

자, 이제 그 선물을 주머니에 집어넣고 산을 내려오기 시작해.

산은 올라가는 것보다 내려오는 게 쉽지. 휘파람을 불면서
바위투성이 오솔길을 내려오고 있단다. 오솔길이 평탄한 길로 바뀌더니
마침내 산기슭 초목이 덮인 곳까지 돌아왔어. 이제 너는 정말로
껑충껑충 신나게 뛰면서 달리고 있단다. 오솔길 끝에 있는 작은 문에
도착하자 친구들이 모두 거기서 너를 기다리고 있는 거야.

모두들 네가 산 정상에 오르리라고는 생각하지 못한 사람들이었지.
모두들 박수를 치면서 환호하고 있단다. 포옹을 해주고 악수를 한단다.
네가 원한다면 정상에서 가져온 선물을 친구들한테 보여줄 수도 있어.

정말이지 기분이 너무 좋겠지? 아마 행복에 겨워 몸이 두둥실 날아갈
것 같을 거야. 정상에 오르고 스스로 그 모든 것을 해냈다는 게 얼마나
자랑스러운 일인지 생각해보렴. 그 일을 해낼 수 있었던 건, 남들은 결코
할 수 없으리라고 생각했지만 스스로 해내겠다고 결심했기 때문이지.

자, 친구들에게 둘러싸인 채 행복해하는 네 자신을 느끼면서 잠시
그대로 있어보렴. 상상만 해도 진짜 기분 좋은 일이지?

그럼 이제 눈뜰 준비를 할까? 준비가 다 되었으면 눈을 뜨고 다시
돌아오자.

239

 ## 침착성을 길러주는 긴장완화법

더운 여름날 오후야. 너는 산허리를 굽이도는 길을 걷고 있단다.
새들이 지저귀는 소리를 들으면서 여름 풍경을 즐기고 있지.

잠시 후 너는 언덕에 있는 동굴에 도착한단다. 동굴은 별로 위험해
보이지 않아. 그리고 마치 너를 부르는 것처럼 그렇게 거기 있단다. 너는
자연스럽게 발걸음을 옮겨 동굴 안으로 들어가지. 처음엔 잘 보이지
않지만 차츰 어둠에 익숙해지면서 하나둘씩 보석이 보인단다. 루비,
다이아몬드, 에메랄드… 동굴 벽에서 반짝이고 있는 보석들이 참으로
아름답구나.

천장에 매달린 보석들과 종유석, 바닥에 솟아 있는 석순들에
매혹되어 점점 더 동굴 깊숙이 들어가는 거야. 길은 동굴의 더 깊은
쪽으로 너를 이끌고 간단다. 동굴 속으로 들어갈수록 마음이 차분해지는
느낌이 드는 거야. 저 멀리 땅이 쿵쿵 울리는 소리가 들려오긴 하지만
너무 멀리 떨어져 있어서 그리 걱정되지는 않는단다.

마침내 온갖 보석들이 뿜어내는 빛과 동굴 틈새를 뚫고 들어오는
작은 햇빛 줄기로 환하게 빛나는 거대한 지하동굴 속으로 들어가게
되지.

240

동굴 한가운데에 거대한 지하 호수가 있어. 호수 표면이 아주 부드러워서 마치 검은 유리처럼 보인단다. 그곳에 서서 호수를 바라보며 부드럽게 출렁이는 물결 소리를 들으니 마음이 편안하고 차분해져. 잔잔하고 조용한 호수는 마치 네가 느끼는 것을 그대로 비춰주는 것 같아.

호수를 바라보는 동안 초록색, 황금색, 흰색 등 갖가지 빛깔의 백조떼가 부드럽게 움직이며 네 쪽으로 다가온단다. 백조들은 물결을 일으키지도 않으면서 조용히 호수 표면을 미끄러져 가는구나.

호수 가장자리를 따라 걷다가 가만히 물 속을 들여다보고 있는 할아버지를 만나게 되지.

할아버지는 네가 다가가자 고개를 들고 미소 띤 얼굴로 너한테 와서 앉으라고 하는구나.

둘은 잠시 나란히 앉아 호수를 바라보면서 주위에서 들려오는 부드러운 소리에 귀를 기울인단다.

할아버지가 설명해주기 시작해. "이 호수는 지구의 중심에 있는 고요의 호수란다…"

너는 할아버지에게 물어보지. "나중에 다시 여기에 와도 되나요?

호수를 보고 싶을 때 말예요." 그러자 할아버지가 대답해. "굳이 이곳에 다시 올 필요는 없단다. 여기에 오고 싶을 때는 언제든 네 마음속에 있는 너만의 고요의 호수를 둘러보면 된단다. 너는 그저 눈을 감고 깊이 생각에 잠기기만 하면 되지. 그러면 자신만의 고요의 호수를 찾게 될 거란다."

할아버지가 너한테 동굴과 호수를 생각나게 해주는 보석을 준단다. 너는 잠시 보석을 들여다본 후 주머니 속에 단단히 넣어두지.

이제 동굴 밖으로 나올 때가 되었구나. 보석들로 환하게 빛나던 곳을 지나 다시금 길을 되짚어 나오기 시작한단다. 자, 멋진 동굴 체험이 끝날 때가 되었는데, 처음 동굴로 들어올 때와는 느낌이 많이 달라졌지? 마음도 더 편해지고 긴장도 많이 풀렸을 거야.

드디어 동굴 입구에 도착했어.

다시 더운 여름날의 오후로 돌아왔구나. 밝은 햇살이 너를 반갑게 맞아주고 있단다. 넌 주머니 속에 들어 있는 보석을 만져보고 좀전에 다녀왔던 고요의 호수를 떠올려본다.

따스함과 안락함과 고요함을 느끼면서 잠시 동안 그곳에 앉아 있도록 하렴.

자, 다시 눈뜰 준비를 하고 방으로 돌아오자.

# 사랑받고 있다는 느낌을 갖게 해주는 긴장완화법

어느 따스하고 햇살 가득한 여름날이야. 너는 지금 계곡 아래 길을 걷고 있단다.

이쪽저쪽 주위를 둘러보니 산과 강이 어우러진 풍경이 너무 아름다워. 높다란 산을 올려다보니 하늘과 맞닿은 곳에 한 조각 구름이 걸려 있네.

지금 네가 걷고 있는 오솔길 옆으로 강물이 흐르고 있단다. 걸어가는 동안 바위에 부딪히는 물소리가 들리고 새가 지저귀는 소리도 들려. 그리고 향기로운 꽃냄새도 솔솔 풍겨온단다.

산봉우리 쪽으로 시선을 돌려보니 뭔가 눈에 익은 형상이 보이네. 자세히 살펴보니 그 형상이 산꼭대기에서 너를 향해 내려오고 있단다. 잠시 후 형상은 더 가까이 다가오네. 찬찬히 바라보니 곧 누구인지 알 것 같아. 아, 그 친구구나! 어쩌면 그는 아주 오랫동안 만나지 못했던 누군가일 수도 있지. 그가 내려오는 동안 너는 그와 만날 수 있는 길을 발견하게 된단다. 두 사람은 서로를 향해 다가가면서 그를 다시 만나게 되었다는 기대감에 흥분하기 시작하지. 아주 오래 전에 너와 알고 지냈던 친구. 그는 너를 사랑했고, 너 또한 사랑했단다.

드디어 두 사람이 만나게 되지. 아마 둘은 포옹을 하거나 미소를
짓고는 곧장 이야기꽃을 피우기 시작할 거야. 자, 두 사람이 무엇부터
하게 되든 우선 그 사람을 만났다는 기쁨을 한껏 느껴보렴. 네가 느끼는
그 사람은 네가 누구인지 아주 잘 알고 있단다.
이제 둘은 함께 오솔길을 걷는단다. 너는 그 동안 있었던 여러 가지
일들을 그에게 얘기해주고, 또 그 친구는 너와 함께했던 시간들을
떠올리게 해준단다. 그 친구가 너를 얼마나 걱정하고 그리워했는지
말하고 있어. 이 특별한 사람은 네가 한 일에 대해 다른 사람들이 얼마나
자랑스러워하는지 말해준단다.

너는 자신감으로 가득 차서 행복한 느낌으로 걸어가고 있어. 그
친구에게 네가 특별한 존재라는 사실을 알리게 된다는 건 참으로 멋진
일이지.

얼마의 시간이 흐른 후 친구는 이제 떠나야 할 시간이라고
말하는구나. 너는 작별인사를 하고 두 사람 모두 좀전에 걸어왔던 길로
돌아서면서 서로의 시야에서 사라질 때까지 계속 손을 흔들어준단다.

친구와 헤어지긴 했지만 이제는 외로움을 느끼기보다 친구의
사랑으로 마음이 따뜻해지는 걸 느끼게 되지.

원하는 게 무엇이든 간에 눈을 감으면 그 오솔길의 특별한 친구와 다시 만날 수 있단다.

　자, 아까 왔던 그 길로 다시 걸어가는 거야. 처음과 달리 고요하고 편안한 기분이 들지 않니? 네 인생에서 자주 볼 수는 없지만 너를 항상 걱정하고, 또 네가 이뤄낸 일을 자랑스러워하고, 네가 존재한다는 사실 자체만으로 기뻐하는 사람들이 있다는 걸 잊지 말자.

　천천히 눈을 뜨고 조용히 앉아보자.

# 자신감을 심어주는 긴장완화법

한 지점을 정해놓고 3초 동안 똑바로 그곳을 바라보자. 자, 그런
다음에 눈을 살며시 감는 거야.

천천히 숨을 들이쉬고 내쉬고, 또 들이쉬고 내쉬어라.

아이가 긴장을 풀고 규칙적으로 숨을 쉴 때까지 계속해서 숫자를
세면서 실시한다. 아이가 안정되지 않으면 몸의 여러 부분을 긴장시
키고 이완시키길 반복하면서 아이가 침착해지도록 만든다.

거친 파도가 일렁이는 바다에서 작은 배를 타고 있다고 상상해봐.
유람선에서 떨어져나와서 작은 조각배를 타고 있는 거지. 거친 파도
때문에 조각배는 심하게 흔들리고, 얼마 있지 않아 배가 뒤집힐 거란
사실을 너는 알고 있단다. 갑자기 거대하고 무시무시한 파도가 덮쳐오고
그 바람에 배는 공중으로 치솟아올랐다가 다시 바다 위로
내동댕이쳐졌어. 그와 동시에 너는 소리를 지르지.

하지만 놀랍게도 너는 물 속에 빠졌는데도 숨을 쉴 수가 있단다. 정말
마법과도 같지. 바다 위쪽에서는 엄청난 파도가 일렁이지만 바다
아래쪽은 너무도 잔잔하고 고요하단다. 네 주위의 물은 너를 보호하듯이

둘러싸고 있고, 너는 그저 검고 깊은 심연 속으로 빠져드는 거야.

물 속에서 너는 부드럽게 숨을 들이쉬고… 내쉬고… 들이쉬고… 내쉬면서 천천히, 아주 천천히 아래로 내려간단다. 네 주위로 돌고래와 상어, 물고기들이 돌아다니고 있지만 아무도 너한테 관심을 갖지 않는 것 같아. 그저 무심히 돌아다니고 있을 뿐이야.

곧 캄캄한 어둠이 완전히 너를 둘러싼단다. 이따금 특이한 물고기들이 내뿜는 빛만 잠깐씩 비칠 뿐이지. 마침내 바다의 맨 밑바닥에 도달하게 되는데, 그곳에 동굴이 하나 보인단다.

너는 헤엄쳐서 그 동굴로 들어가지. 무섭고 두렵다는 생각보다 왠지 안전한 곳이라는 생각이 들어서야.

여기서부터 여러 가지 방법으로 긴장을 풀어줄 수 있다.

1. 너는 동굴 속에서 뭔가를 열심히, 그리고 아주 잘하고 있는 너 자신을 보게 된단다. 자, 너의 모습을 세세히 관찰해보렴. 네가 어떻게 서 있는지, 얼굴 표정과 안색은 어떤지, 얼마나 활발하고 자신감 넘치는 태도로 일을 하고 있는지 등등.

2. 동굴 속에는 네가 가장 갖고 싶어하는 것이 있단다.

3. 너를 사랑하는 사람들이 너를 반갑게 맞아주고 있단다. 그들과 함께하기 위해 네가 이 먼 곳까지 와준 것에 대해 무척 기뻐하고 있어. 너는 사람들과 이야기를 나누면서 동굴 이곳 저곳을 돌아다니며 구경을 하지. 저마다의 사연을 함께 나누고 지나간 시간을 기억하는 사람들의 이야기를 듣고 미래에는 무엇을 할 것인지에 대한 계획을 들으면서 말야.

모든 것을 다 마친 다음엔 다시금 고요한 수면으로 천천히 헤엄쳐 나오기 시작해.

자, 숨을 들이쉬고… 내쉬고… 하는 숨쉬기를 기억하면서.

수면으로 다 올라왔으면 자리에서 일어나 천천히 눈을 떠보자.

강가에 구불구불 나 있는 오솔길을 따라 걷고 있는 네 모습을 떠올려보렴.

따스하고 햇살이 가득한 날이야.

우선 오솔길이 무엇으로 이루어져 있는지 살펴볼까? 돌이나 모래, 아니면 그 길을 걸어간 많은 사람이 다져놓아 단단해진 진흙길일 수도 있겠지.

강가에 늘어서 있는 나무가 잔잔한 물가에 긴 그림자를 드리우고 있단다.

너는 밝은 햇살과 시원한 나무 그늘 사이로 기분 좋게 산책을 하고 있는 거야.

그런데 건너편 강둑에 너의 시선을 끄는 뭔가가 보인단다. 저게 도대체 뭘까?

자세히 보니, 잔뜩 공기가 들어가서 막 떠오르려고 하는 열기구였어.

열기구 아래에 매달린 바구니에는 상기된 얼굴로 열기구가
날아오르기만을 기다리는 사람들의 모습도 보이고 말야.

그걸 보면서 너도 열기구를 타고 날아가면 얼마나 재밌을까
상상한단다. 너도 강 건너편으로 가서 열기구를 타고 날았으면 하는
생각을 하는 거지.

하지만 강을 건널 수는 없어. 강 이쪽에는 그저 나무와 태양과
오솔길만 있을 뿐이지.

다시 계속해서 길을 걷는데, 이번엔 강둑 저편에서 한가롭게 풀을
뜯고 있는 백마들이 눈에 띄는 거야. 그 광경이 너무 평화로워 한참 동안
걸음을 멈추고 바라보게 된단다. 몇몇 사람들은 말에게 먹이를 먹이며
쓰다듬고 있고, 또 다른 사람들은 말을 타고 달릴 준비를 하고 있어. 그
모습을 보면서 너는 '나도 저 들판에 있으면 얼마나 좋을까. 나도 말을
한번 타봤으면 좋겠다' 하고 상상한단다.

하지만 그럴 수는 없지. 계속해서 오솔길을 걸을 수밖에. 햇살은
여전히 따사롭고 오솔길은 숲과 강을 따라 끝없이 이어진단다.

이번엔 강 건너편으로 놀이동산이 보이네. 커다란 수레바퀴와
놀이기구가 돌아가고 있어. 사람들은 즐거운 얼굴로 놀이동산에서 놀고
있단다. '나도 저 놀이동산에 갈 수 있었으면 좋겠다' 하고 생각하지.

모두들 행복해 보이고 놀이기구를 재미나게 타는 것처럼 보이지만 강을 건너갈 방법은 전혀 없는 것 같아 조금은 실망스럽지.

강을 건너고 싶은 마음으로 미칠 것 같았어. 그런데 문득 저기 앞에 아주 낡고 심하게 흔들거리는 나무다리가 보이는 거야. 그 다리는 오랫동안 아무도 사용한 흔적이 없었어. 하지만 강 양쪽에 걸쳐져 있어서 그 다리만 건너면 강 건너편으로 갈 수가 있지.
어쨌든 마음을 먹고 다리 가까이 가보았단다. 그랬더니 다리가 무척 낡아 건너갈 수 있을지 없을지 자신이 안 서는 거야. 하지만 조심스럽게 한 발자국을 떼어보았지. 그런데 이게 웬일이야. 놀랍게도 다리가 아주 튼튼한 거야. 흔들거리고 낡아 보이긴 했지만 막상 디뎌보니까 생각과는 달리 매우 튼튼한 다리였던 거지.

잠시 후 너는 다리를 건너 강 저편으로 갔단다. 이제 넌 놀이동산이나 말이 있는 곳, 그리고 열기구가 있는 곳까지 달려갈 수 있게 된 거야.

너는 차례대로 그것들을 모두 즐기면서 멋진 오후를 브낼 수 있었어. 열기구 바구니에 타고 시골 풍경을 구경할 수도 있었고, 아름다운 백마를 타고 들판을 달려보기도 했단다. 또 놀이동산에 가서 신나게 놀이기구도 탔어. 어떻게 시간이 갔는지도 모를 만큼 재밌고 신났지.

어느새 뉘엿뉘엿 해가 졌고, 너는 다리를 다시 건너 집으로 돌아왔단다.

이제 너는 네가 원할 때면 언제든 강 저쪽으로 건너갈 수 있는 다리가 어디에 있는지 알게 된 거지.

자, 눈뜰 준비를 하렴. 준비가 다 되었으면 눈을 떠보자.

 집중력을 강화시키는 긴장완화법

바다에 우뚝 솟아오른 바위 위에 네가 앉아 있다고 상상해봐.

따사롭고 햇살 밝은 날이었어.

물 속을 가만히 들여다보니 바다 표면에 비친 태양빛이 아른거리며
광채를 내뿜고 있었고, 바닷속을 헤엄쳐 다니는 물고기가 조금씩 보이기
시작하는 거야. 분홍과 초록, 파랑, 노랑 색깔의 물고기들이 여기저기
미끄러지듯 헤엄치고 있었지.

그리고 파도를 따라 이리저리 흔들리는 녹색의 해초들도 보였어.
해초는 물고기들을 감싸기도 하고 떠내려가기도 했지.

물 속을 더 깊숙이 들여다보노라니 바다 밑바닥에서 밝은 빛을 내고
있는 것들도 눈에 띄었어. 반짝이는 햇빛과 물고기와 해초의 빛깔이
시시각각 변했는데, 그건 뭐라고 말하기 힘들 정도로 아름답단다. 잠시
후 바다 깊은 곳에서 돌고래 한 마리가 나타나더니 너에게 점점
다가오는 거야. 그리고 바위 가까이 다가와서는 너에게 함께 놀자고
하네. 너는 돌고래의 등에 올라타고 바닷속으로 신비한 여행을 떠나게
된단다. 신기하게도 너는 물 속에서도 숨을 쉴 수가 있는 거야. 정말

놀랍지? 너는 주위를 맴도는 물고기들의 움직임과 바다 밑바닥에서 흔들리는 해초의 아름다움에 넋을 잃는단다.

바닷속 광경은 정말 아름다워. 갖가지 색깔로 빛나는 산호와 작고 예쁜 조가비들이 너의 시선을 붙잡는 거야. 마치 만화경을 통해 보는 것처럼 환상적인 장면을 만들어내고 있단다. 물살에 따라 흔들리기도 하고 반짝반짝 빛이 나기도 하고… 머리가 어지러울 정도로 신비하고 매혹적이란다. 너는 그 사이를 헤엄쳐 다니며 구경을 하고 있어.

그런데 돌고래가 다시 나타나서 너에게 작은 조가비 한 개를 건네주고는 사라지는구나. 너는 그걸 조심스럽게 받아들고는 어디에 놓으면 좋을지 몰라 잠시 두리번거리네.

잠시 후 다시 돌고래가 나타나서는 너를 다시 등에 태우고 아까의 그 바위로 데려다준단다.

바위에 올라앉은 너는 다시금 물 속을 들여다보지. 맨 처음에 그랬던 것처럼 여전히 물고기들은 한가롭게 헤엄쳐 다니고 초록빛 해초들도 물살을 따라 이리저리 흔들리고 있단다. 하지만 처음과는 전혀 다른 느낌으로 그것들을 바라보게 되지. 새로운 마음의 눈을 갖게 되었기 때문이야. 눈으로 볼 수 없는 것들을 이제는 마음의 눈으로 얼마든지 볼 수 있게 된 거지.

자, 준비가 되었으면 가만히 눈을 뜨고 앉아보자.

254

# 긍정적인 생각을 갖게 해주는 긴장완화법

우연히 집에서 비밀의 문을 발견했다고 상상해보자. 물론 지금껏 그런 문이 있으리라고는 짐작조차 못했던 거야. 그 문은 벽 한쪽에 달려 있을 수도 있고, 아니면 커튼이나 가구 뒤에 가려져 있을 수도 있어.

비밀의 문을 발견한 너는 그 문이 잠겨 있는지 혹은 열려 있는지 확인하기 위해 살짝 밀어보는 거야. 어, 그런데 이게 웬일이야. 놀랍게도 문이 열리는 게 아니겠어? 조심스럽게 문을 열고 한 발자국 들여놓았지. 그 방은 온통 하얀색이었고 텅 비어 있었어.

방의 한가운데에 나무로 만든 하얀 테이블이 놓여 있지. 그 테이블 위를 보니 아름다운 그릇이 있단다. 그건 방에 있는 것 중에 유일하게 색깔이 있는 물건이지. 그릇에서 빛이 나오는데 그 빛이 온 방을 환하게 비추고 있단다. 그 빛은 아주 고급스러웠어. 마치 보석처럼 빛났어.

너는 천천히 그 그릇 있는 곳으로 걸어갔단다. 도대체 그릇 속이 뭐가 있길래 그럴까? 궁금했거든.

그릇 속을 들여다보니 신기한 과일들이 가득 담겨 있는 거야. 네가 좋아하는 과일도 있었고 난생 처음 보는 과일도 있었단다.

향내를 풍기는 과일 더미의 맨 위에는 아주 크고 아름다운 오렌지가
놓여 있는 거야. 금빛 태양처럼 보였어.

네가 그 오렌지를 집어들었는데 향기로운 냄새가 너의 온몸을 감싸는
것 같았어.

도대체 이 신비한 과일 속에는 무엇이 들어 있을까? 두근거리는
마음으로 오렌지 껍질을 벗기기 시작해.

그랬더니 아주 크고 귀한 보석이 담겨 있는 게 아니겠어!

너는 손으로 보석을 어루만져보았지. 정말 아름답고 신비한
보석이었어. 세상에, 내가 이런 보석을 발견하다니… 넌 정말이지
놀라웠고, 또 이런 발견을 할 수 있었다는 게 자랑스러웠단다.

이제 너는 보석을 품에 꼭 안고 그 방에서 나왔어…

자, 이제 눈뜰 준비를 하렴. 준비가 다 되었으면 천천히 눈을 떠보자.

무엇이든 잘 배울 수 있다는 것을
깨우치게 해주는 긴장완화법

자, 눈을 감아보자. 그리고 지금 네가 가장 잘하는 일이 무엇인지 생각해보렴. 이번엔 작년에 네가 가장 좋아했던 일에 대해 생각해보는 거야.

작년에 너는 무엇을 배웠지?

이번엔, 내년에 무엇을 배웠으면 좋겠는지 생각해보자.

지금은 할 수 없지만 내년엔 꼭 해보고 싶은 일이 있니?

지금 네가 잘하고 있는 일에 대해 다시 한번 생각해볼까? 그리고 지금처럼 네가 그 일을 잘하기 위해 작년에 어떻게 했는지 떠올려보자.

이제 넌 아주 사소한 일이라도 그것을 잘하기 위해선 네가 열심히 배워야 한다는 사실을 깨닫게 되었을 거야.

자, 준비가 되었으면 눈을 뜨렴.

또 한권의 책을 맛보세요!!

아이와 함께 시리즈 5

열매 아빠 원종배의 말하기 교육

자신의 생각을 잘 표현하는 아이로 키워라

원종배 지음

ⓘ아이북

우리 엄마는 어떤 말을 많이 할까?

— 가족이 하는 말, 그대로 써보기

나는 오늘 하루 어떤 말을 하며 지냈을까? 그리고 우리 아이들은?

말은 흔적 없는 바람과 같아서 꼭 기억해두어야지 하고 마음먹지 않으면 쉬 잊혀지고 만다. 일회성으로 그치기 때문에 말하는 게 편할 수도 있지만, 또 그래서 어렵기도 하다. 아무 생각 없이 툭툭 내뱉었다가는 자칫 말실수로 이어지고 한번 저지른 말실수는 다시 주워담을 수가 없다.

말은 전염성이 강하다. 엄마 아빠가 무의식 중에 던진 말이 그대로 아이들에게 전해지고 형이 하는 말이 그대로 동생에게 옮겨진다. 예를 들어 위로 딸 둘이 있고 아래로 막내아들을 둔 가족을 생각해보자. 둘째아이가 첫째에게 '언니'라고 하면 막내아들 역시 누나들에게 '언니'라고 한다. 또 관찰해보면 '싫어'라는 말을 자주 쓰는 엄마가 있다면 그 아이 역시 '싫어'라는 말을 자주 쓴다. 그렇게 무수

한 말들이 오가면서 집안 분위기가 형성되는 것이다. 목소리며 말투며 몸가짐까지.

말은 굉장한 힘을 가지고 있다. 작은 칭찬이 아이들의 용기를 북돋워줄 수도 있고 독기 서린 비판이 아이들의 기를 죽여버릴 수도 있다. 아무것도 아닌 말 한마디가 엄청난 결과를 초래할 수 있는 것도 그런 이유에서다.

말의 중요성은 새삼 거론할 필요조차 없다. 그럼에도 평소 자신이 어떤 말을 하며 지내는지 곰곰 되짚어보는 사람은 그리 많지 않다. 다음은 초등학교 4학년 남자 어린이가 엄마의 말을 관찰한 후에 쓴 것이다.

공부하자.
이거 다 너 위해서 하는 거야.
누구는 시험 이렇게 봤대.
오늘 학교에서 무슨 일 있었니?
그것도 몰라? 잘 생각해 봐!
동생 좀 때리지 마.
수학 풀어!
아, 피곤해.
아이, 죽겠다.
선생님께 혼났니?
장가 가야겠네!
너 때문에 엄마 주름살이 늘잖아.

이거 진짜 니가 했어?

숙제 없니?

텔레비전 좀 꺼!

너 시험 잘 보면 내가 뭐 사줄게.

넌 누굴 닮았니?

유선 케이블선 끊어버릴 거야.

야, 우리 아들 진짜 대단하다!

전화 온 데 없었어?

 총 66개의 문항 중에 아이를 칭찬하는 말은 2개뿐이었고 나머지
는 야단치고(너 진짜 맞는다, 스스로 좀 해라) 명령하고(수학 풀어,
빨리 밥 먹어) 푸념을 늘어놓고(너 때문에 미치겠다, 지겹다 지겨워,
이거 다 너 위해서 하는 거야) 있다. 심지어는 아이의 능력을 의심하
고(이거 진짜 니가 했어?) 다른 아이와 비교한다(누구는 시험 이렇게
봤대).
 물론 아이들은 칭찬받은 말보다 야단맞은 말을 더 오랫동안 기억
하게 마련이라 부정적인 쪽이 더 많았겠지만, 오히려 그렇기 때문에
더 말조심을 해야 한다. 그렇다고 늘 칭찬만 할 수는 없는 노릇이다.
아이가 잘못했을 때는 눈물이 쑥 빠질 정도로 따끔하게 야단칠 필요
도 있다. 하지만 야단치는 것과 비난하거나 푸념을 늘어놓는 것은
분명 다르다.
 이 어린이의 글을 읽으면서 혹자는 엄마의 말이 너무 심하다고 생
각할지도 모르겠다. '이런 말을 하는 엄마가 어디 그리 흔하겠어?'

라고 가볍게 흘려버릴 수도 있다. 만약 그렇다면 아이와 함께 '우리 가족은 평소 어떤 말을 많이 하는지' 다시 한번 살펴볼 기회를 가졌으면 한다. 틀림없이 새로운 사실을 깨닫게 될 것이다. '앗! 내가 이런 말을 하고 있었던가?' 정확한 문제점을 발견하면 해결책은 저절로 나오게 되어 있다. 아이들의 잘못된 말버릇을 고칠 때도 매우 유용하게 쓰일 것이다.

이렇게 해보세요

엄마가 아빠의 말을, 아빠가 엄마의 말을, 그리고 아이가 엄마 아빠의 말을 있는 그대로 솔직하게 써보게 한다. 이때 가장 조심해야 할 점은 아이가 누구의 눈치도 보지 않고 자유롭게 쓸 수 있도록 편안한 분위기를 만들어주어야 한다는 것이다. 엄마가 하는 말을 쓸 경우엔 가능한 한 엄마 아닌 다른 사람과 같이 하는 것이 좋다. 엄마가 아무리 편안하게 써보라고 한들 어찌 엄마 앞에서 대놓고 흉을 볼 수 있으랴. 나쁜 얘기가 서너 마디쯤 나오다보면 어느새 엄마의 눈이 세모꼴로 변해갈 테니 말이다.

가족들이 하는 말을 다 적었으면 이번엔 가장 듣기 좋은 말, 가장 듣기 싫은 말, 앞으로 조심해야 할 말 등을 목록으로 만들어본다. 이것을 기초로 바른말 규칙을 정하고 이 규칙을 어겼을 경우 적절한 벌을 내리는 것도 좋은 방법이다. 반대로 잘 지켰을 경우엔 듬뿍듬뿍 칭찬해준다.

● 엄마한테 듣고 싶은 말

1. 사랑한다.

2. 우리 딸이 자랑스러워!

3. 너랑 있으면 언제나 기분 좋아.

● 아빠가 고쳐야 할 말

1. 빨리빨리 해.

2. 이 돌머리야.

3. ~해 죽겠다.

● 우리집 큰아들이 조심해야 할 것

1. '있잖아요' 안 하기

2. 배에 힘주고 똑똑하게 말하기

3. 소리지르지 않기